中国文化四季

马新 主编

五味杂陈

中国传统饮食文化

赵建民
金洪霞 著

山东大学出版社

山东省中华优秀传统文化传承发展工程重点项目
中华优秀传统文化传承书系

课题组负责人

马　新

课题组成员
（以姓氏笔画为序）

马丽娅	王文清	王玉喜	王红莲
王思萍	巩宝平	刘娅萍	齐廉允
李仲信	李沈阳	吴　欣	宋述林
陈树淑	陈新岗	张　森	金洪霞
赵建民	贾艳红	徐思民	郭　浩
郭海燕	董莉莉	韩仲秋	谭景玉

中国传统文化是中国历史发展中物质文化与精神文化的结晶，也是人类文明史上唯一没有中断的独具特色的文化体系，是中国历史带给当今中国与世界的文化遗产。

早在遥远的旧石器时代，我们的先民为了生存，打制着各式各样的石器，也击打出最初的文化的火花。随着新石器时代的到来，以农业生产为前提的农业文明发生了，我们的先民筚路蓝缕，耕耘着文明的处女地，孕育着中国文化的萌芽，绚烂多姿的彩陶文化与精致绝伦的玉石文化是这一时代的文化地标，原始宗教与信仰、语言、审美及创世神话也纷纷出现。

进入文明的门槛后，先民们开始了艰辛的文化积淀。商周时代的礼乐文明与青铜文化代表了这一时代的杰出成就，甲骨文与金文则成为这一时代的文化符号。至春秋战国，中国文化史上的"寒武纪大爆发"开始了，无论是物质文化，还是精神文化，都进入一个创造和迸发的时代：这一时代，出现了"百家争鸣"，从孔子、老子、墨子到孙子、孟子、庄子等贤哲，无一不在纵横捭阖，挥斥方遒，发散出理性的光芒。这一时代，出现了《诗经》《楚辞》，还出现了《左传》与《国语》以及不可胜数的人文经典。这一时代，又是科学与技术的辉煌时代，铁器与牛耕技术的出现，奠定了此后 2000 多年中国农耕文明的基础；扁鹊的医术与《黄帝内经》的理论，成为中医药文化的基石；墨子、鲁班、甘德 、石申，启迪了我们的科学探索，民间无数的工匠们在纺织织造、建筑交通以及各种手工工艺上都进行了卓越的创造。春秋战国时代既是中国文化的启蒙时代，也是中国文化的奠基时代。

随着秦汉时代的到来，海内为一，中国文化进入凝炼时代，形成了大一统的文化特色。这一时代，不仅有了大规模的驰道、长城以及宫殿的兴建，还有了统一的度量衡与文字；这一时代，不仅牛耕技术继续向全国推进，还有了精耕细作技术，使其成为中国农耕文化的首要特征；这一时代，不仅有"独尊儒术"与经学的繁荣，也有汉大赋的飞扬与汉乐府的古朴；这一时代，商品贸易"周流天下"，工商政策与商业理论富有特色，全社会在衣、食、住、行方面的水平明显提高。生活的精致化与生活水平的不断提高，使得 20 世纪的权威史学家汤因比也动了想去中国汉代生活的念头。

魏晋南北朝与隋唐时代，是中国文化史上的交融与繁荣时代，周边游牧民族文化的涌入，西部世界的宗教文化及其他各种文化的东来，使这一时代形成了空前的中西文化碰撞与冲击。在此后到隋唐时代的融合发展中，实现了文化的大繁荣。道教虽产生于汉代，但其发展与传播则是在魏晋南北朝与隋唐时代；佛教也是在汉代传入，它的发展与繁荣同样是在魏晋南北朝与隋唐时代。这一时代，玄学与禅宗是思想史上的两大硕果，书法、绘画、雕塑以及音乐、舞蹈方面，更是群星闪耀，唐诗的地位在文学史上是无可替代的，唐三彩的艺术魅力同样穿越千古。这一时期的农耕文化、工商文化以及其他各文化形态也都取得了长足的发展，特别是中外文化交流之活跃、之丰富，使中国文化与外部世界的文化产生了有力互动，隋唐长安城是当时世界文明的中心所在。

宋元明清时代是中国文化的扩展时代。随着文明的进步与文化手段的变化，随着市民社会的兴起与社会结构的变化，面向民间、面向市民与普通民众的文化形态迅速扩展。宋明理学的主旨是给民众套上牢牢的精神枷锁，但是与汉代经学相比，它也是儒学民间化的一种体现。从宋词到元曲，从"三言二拍"到话本小说，再到戏剧的兴起和四大文学名著的问世，无不体现着这一特色。这一时代，既有明末清初试图开启民智的三大启蒙思想家，又有直接面向社会生产与社会生活的《天工开物》《本草纲目》以及《农政全书》。这一时代，中国文化在积淀着中国文明丰厚底蕴的同时，也在准备着自己的转身，准备着与新文化的拥抱。

从中国文化的发展可以看出，其历史之悠久、内容之丰富、价值之巨大，可谓蔚为大观，令人叹服。在新的历史时期，把握与了解这些渐行渐远的文化宝藏，并将其传承给青年一代，是摆在我们面前的世纪难题。

自 20 世纪 80 年代以来，学术界与文化界一直在孜孜不倦地去破解与完成这一难题，为此付出了艰辛的努力，推出了一批又一批面向青少年群体的"中国传统文化"类读物或教材，可谓琳琅满目，数目繁多。毋庸置疑，文化学者们的这些努力，对于研究与普及中国传统文化发挥了重要作用。但是，若作为当今面向青少年群体的普及性著作还有若干不适应之处。比如，有的著作篇幅过大，往往动辄四五十万字甚至上百万字；有的著作理论性偏强，在理论性与知识性的结合上还不够；还有的著作对有关知识点的叙述不够均衡，轻重不一。更为重要的是，随着社会主义核心价值体系建设的推进，尤其是习近平总书记所提出的对中国传统文化的"四个讲清楚"，对中国传统文化的研究和普及提出了更高的要求。为此，我们组织了 10 余所高校的相关研究人员，共同编写了这套适合当代青少年阅读的中国传统文化读物——《中国文化四季》，旨在为青少年提供一套富有时代特色的中国传统文化专题知识图书。

在编写过程中，我们深刻地感受到中国传统文化源远流长、博大精深，是中国文明 5000 年进程的辉煌结晶——既有筚路蓝缕的春耕，又有勤勤恳恳的夏耘；既有金色灿然的秋获，又有条理升华的冬藏。所以，我们以"中国文化四季"

作为总领，旨在体现 5000 年文明进展中最具代表性的精华篇章。在专题确定与内容安排上，也着重体现中国文化在春耕、夏耘、秋获、冬藏各个演进环节上的标志性成就。整套丛书由 16 册组成，包括：

《精耕细作：中国传统农耕文化》

《货殖列传：中国传统商贸文化》

《大匠良造：中国传统匠作文化》

《巧夺天工：中国传统工艺文化》

《衣冠楚楚：中国传统服饰文化》

《五味杂陈：中国传统饮食文化》

《雕梁画栋：中国传统建筑文化》

《周流天下：中国传统交通文化》

《人文荟萃：中国传统文学》

《神逸妙能：中国传统艺术》

《南腔北调：中国传统戏曲》

《兼容并包：中国传统信仰》

《天人之际：中国传统思想》

《格物致知：中国传统科技》

《传道授业：中国传统教育》

《止戈为武：中国传统兵学》

我们希望通过各专题的介绍，使读者既可以有选择地了解中国传统文化的有关知识，又可以全面地把握传统文化的基本构成。

为适应青少年的阅读需求，我们吸取了以往此类图书的优点，尽量避免其缺陷与不足。在全书的内容设计上，打破了传统的章节子目式的编排方式，每章之下设置专题，以分类叙述各门类知识；在写作时，尽量避免以往一些读物的"高深"与"生冷"现象，以叙述性文字为主，做到通俗、易懂、生动；另外，各册都精心配备了一些与各章内容相对应的中国传统文化图片等，做到了图文并茂。

需要说明的是，这套丛书作为"中华优秀传统文化传承书系"被纳入山东省"中华优秀传统文化传承发展工程"重点项目，得到中共山东省委宣传部和有关专家的大力支持与指导。为不负重托，我和20余位中青年学者共同合作，以对中国传统文化的挚爱为基点，精心施工，孜孜不倦，以打造一套中国传统文化的精品作为出发点和最终目的。全书首先由我提出编写主旨、编写体例与专题划分；各专题作者拟出编写大纲后，我对各册大纲进行修订、调整，把握各专题相关内容的平衡与交叉，以更好地体现中国传统文化的四季风情；然后交给各专题作者分头撰写初稿；初稿提交后，由我统一审稿、统稿、定稿，并补充与调整书内插图。这套丛书若能蒙读者朋友错爱，起到应有的作用，功在各位作者；若有缺失与不足之处，我当然不辞其咎。

我们由衷地希望通过全体作者的努力，使本书不再只是枯燥乏味的知识叙述，而是青少年真正的学习伙伴，让中国优秀传统文化能够浸润到每一个青少年的心灵深处。

马　新

2017 年 3 月于山大高阁书斋

概　述

第一章　由生到熟的原始饮食

第二章　农耕文明的丰富食物

第三章 传统烹饪的美食品类

第四章 各领风骚的十大风味

第五章 雅俗共赏的茶文化

第六章 醇厚馥郁的酒文化

第七章 多姿多彩的饮食器具

第八章 由来久远的饮食习俗

第九章 饶有风情的传统节日食品

概述

　　中国传统的社会生活方式是建立在以农业生产为基础之上的，而农业生产是必须要顺应日夜更替、季节变化、秋收冬藏的自然变化规律的。因此，我国农业社会的生活方式是顺应自然变化的生活感知，是符合"天之道"的一种生活方式。其中，中国传统的饮食生活以及由此形成的传统饮食观无不是建立在此背景之下的。而且，人类的饮食活动与人类群体，特别是一个族群的繁衍昌盛息息相关。

　　中国自古就有"夫礼之初，始于饮食"①的文化阐述，从朴素的自然层面表达了对人类文明历史进程发展的认知。尽管也有学者据此断言"中国文明始于饮食"的论点有失偏颇，但又不能完全否认人类文明的发生和发展是从满足和追求饮食需求开始的实际情形。

　　我国是一个有着悠久文明发展历史的国家，而开启这个悠久文明历程的是从满足中华民族种群的饮食开始的。原始人类劳动的目的首先是基于食物果腹、满足生命延续的需求。由于饮食需求是人类与生俱来的第一需求，生命的延续、族群的繁衍、人类的发展都必须有饮食资料作为前提才能够实现。

　　众所周知，中华民族作为世界上人数最多的族群，发展到现在，在追求饮食文明方面积累了丰富的经验，拥有底蕴深厚、丰富多彩的饮食文化。美味的肉食、甜美的水果、嫩脆的蔬菜以及包子、馒头、饺子、面条、点心、小吃……是如何成为我们今天餐桌上的美味的？那些形形色色的节日食品，那些琳琅满目的礼俗美食，那些千姿百态的宴席佳肴，那些琼浆玉液的酒品茶饮……是怎样发明和创造出来的？这是我们这册小书中要与大家分享的主要内容。

　　中国传统饮食文化，是中华民族在数千年来与大自然的共生共存中感知和积累起来的生活方式，以顺应自然、适应季节变化为其坐标，并由此形成了阴

---

① 《礼记·礼运》，《十三经注疏》本，中华书局1980年版。

阳平衡，达到饮食中和的目的。其显著特征大致有如下几点：

首先，"天人合一"，不违时序。在长期对大自然的体悟中古人深刻认识到，人和大自然是一体的，自然是人类社会不可分割的一部分，所以顺应自然、不违时序最为重要。古人在这方面的言论太多，以孔子的"不时不食"最具代表性。孔子的意思是，未成熟的食物不能食用以及不到饭时不要进食。因为大多植物的果实不完全成熟时，含有许多对人体有害的成分，对人体健康不利就不符合饮食养生之道。同时，当人体不需要食物，或者说没有饥饿感的时候，多进食的食物就会造成能量的过剩，进而导致疾病的发生。所以《吕氏春秋·季春纪》有"食能以时，身必无灾"的论断，这也可以说是对"不时不食"的最好诠释。

其次，尊重本味，讲究调和。所谓"本味"，就是天然食物的味道，中国传统饮食文化认为，食物的本味具有最养生、最本真、最自然的属性。简而言之，就是什么季节就有什么样的食物，什么样的食物就有与之相符的味道。所以，饮食之道首先要尊重本味，突出本味。由于熟食烹饪技术的进步，有的食物需要调味，也是自然而然的事情，但要遵循"五味调和"的原则。这里的"和"是中庸、平衡、平和的意思。饮食平衡讲究不偏不倚、不偏锋、不猎奇、不刺激，否则就违背了饮食养生的基本原则，久之就会产生问题。

最后，食医合一，饮食养生。古人对传统饮食文化的认知是"医食同源"。其实，合理的、平衡的、不违时的饮食习惯会起到少得病或不得病的效果，而根据食物属性进行合理搭配的饮食一般情况下还能够起到养生的作用。甚至，古人认为，饮食是最好的医生。如果人体有了疾病，应该先以饮食治疗为上，饮食不愈，再进行药物治疗。孙思邈说："为医者，当须先洞晓病源，知其所犯，以食治之；食疗不愈，然后命药。"[1]因此，可以说中国传统的饮食方式是以养生为前提的生

---

① （唐）孙思邈撰，高文柱、沈澍农校注：《备急千金要方·食治》，华夏出版社2008年版，第463页。

活模式。

中国传统饮食文化又是一个内容广大、内涵丰厚、历史悠久、博大精深的文化课题。本书基于走进中国传统文化的普及性和通俗性，着重论述由生到熟的原始饮食、农耕文明的丰富食物、传统烹饪的美食品类、各领风骚的十大风味、雅俗共赏的茶文化、醇厚馥郁的酒文化、多姿多彩的饮食器具、由来久远的饮食习俗、别饶风情的传统节日食品九大板块。

远古人类是怎样饮食的？在"茹毛饮血"的生食和野蛮时代，他们是如何生存的，又是怎样生活的？人们在什么样的情况下发现火和使用火的？从什么时候开始烹饪熟食的？他们曾经如何获得食物，如何加工食物，如何烹饪菜肴，如何调制宴席，如何进餐饮食……类似的内容可以在第一章的叙述中得到了解。

中国的农耕文明自"神农氏尝百谷"开始，到晚清封建社会的结束，数千年的发展历程，蕴涵着深厚的文化积累。悠久的华夏农耕文明，养育了现在世界上人数最多的民族群体，这本身就是一个丰功伟绩，而其中所蕴藏的优秀的文化基因与珍贵的文化遗产，是我们今天应该学习和传承的。

中华民族在长期与大自然和谐相处的过程中，不断地发现和丰富着自己的食物种类，逐渐地总结了许多关于饮食的经验，并成为华夏民族传统的饮食观念；在这些传统观念的影响下，聪明的中国人还创造发明了种类繁多的烹饪技法，并由此形成了丰富多彩的饮食品类和多姿多彩的特色食品。中国传统的饮食思想和饮食观念的形成，主要来源于人们对大自然的感知、感觉。在此基础上诞生出了以与大自然和谐相处为原则的饮食理念，包括"五谷为养""天人合一""饮食养生""阴阳平衡"等。我国传统的烹饪技法是在人们不断发现与经验总结的基础上逐渐完成的，如传统的炙法、脍法与羹食等。先秦时期的"八珍"，即天子、贵族的饮食品类，在今天我们看来也许并没有什么饮食审美可言，但放在2000多年前的背景下，可称得上是最美味的食品。

我国是一个幅员辽阔的国家，各地区的地理环境和物产资源有着很大的差

别，这是各地人民的饮食品种和口味习惯各不相同的先决条件，如"南米北面"的饮食特点，古已有之。晋人张华《博物志》载："东南之人食水产，西北之人食陆畜。食水产者，龟、蛤、螺、蚌以为珍味，不觉其腥臊也；食陆畜者，狸、兔、鼠、雀以为珍味，不觉其膻焦也。"物产决定了人们的食性，而长期对某些独特口味的追求渐渐地变成了难以改变的习性，最终成为饮食习惯中的重要组成部分。所谓"南甜北咸，东辣西酸"地域性群体口味的形成，也是顺理成章的事情。正因为如此，中国饮食风味才形成了丰富多样、特色各异的风味流派，其中最有代表性的就是各具特色的地方风味菜肴体系。

从神农发现茶的药物作用到今天茶饮成为世界性的饮品之一，经历了一个漫长的发展过程。我国有着悠久的饮茶、制茶的历史。在长期的生产与生活过程中，先民们运用他们的勤劳和智慧，积累了丰富的种茶与制茶的经验，培育出了品种繁多的茶种，其中仅名茶品种就多达数百种。如今，茶已经成为日常生活中不可缺少的饮品。古人所谓"开门七件事，柴米油盐酱醋茶"的生活总结，充分反映了茶在我国人民生活中的地位。

我国是世界上最早酿酒的国家之一，迄今为止也是世界上饮酒人数最多的国家。但酒究竟起源于何时，至今还是个谜。我国民间有许多关于发明酒的神话传说，形成了独特的有关酒的民间文学。

饮食器具是广大平民百姓日常饮食活动必不可少的基本用品，它是中华民族饮食文化中极其重要且又极富民族文化特色的组成部分。饮食器具的变化与发展体现了中华传统饮食文化的历史变迁。它不仅是中国传统饮食文化最重要的组成部分之一，而且还承载着中华民族独特的饮食文化思想和生活审美情趣。新石器时期出现的早期原始炊食器，到后来陶器、青铜器、铁器、瓷器、金银、竹木等不同材料的饮食器具，充分展示了中国饮食器具的发展经历了一个由萌芽到成熟、由简单到复杂、由粗犷到精致的漫长过程。可以说，饮食器具是中国传统饮食文化发展的物质基础，也是华夏民族饮食文明进程的历史写照。

　　虽然人类的饮食活动最原始的目的是维持生存，但随着人类文明的进步和经济的发展，以饮食活动为中心积累起来的礼仪、礼节、礼俗以及后来皇室的饮食礼乐等，几乎渗透于古代社会的各个方面。实际上，在中国传统文化的海洋里，我们最应该知道的是传统饮食文化，包括饮食礼仪习俗。诸如我们今天为什么普遍遵循一日三餐的饮食习俗，而不是其他；我们今天的宴席是从什么时候开始的；古代的宴席都有哪些礼仪讲究；等等。

　　在我国，几乎所有的传统节日都有一种或几种标志性的特色食品，像饺子、年糕、春饼、元宵、麻花、馓子、粽子、月饼、重阳糕、腊八粥等。节日食品是丰富多彩的，它常常将丰富的营养成分、赏心悦目的艺术形式和深厚的文化内涵巧妙地结合起来，成为比较典型的节日饮食文化。

第一章
由生到熟的
原始饮食

有人认为，是劳动创造了人类本身，而原始劳动的目的首先是基于饮食的需求。饮食需求是人类与生俱来的第一需求，生命的延续、族群的繁衍、人类的发展都必须以饮食资料作为前提才能够实现。中华民族作为世界上人口数量最多的族群，在追求饮食文明方面积累了丰富的经验，拥有底蕴深厚、丰富多彩的饮食文化。

一、生食时代

众所周知，在人类还没有学会用火的年代里，人类的食饮只能是生食。这种生食的食物能否算作"菜肴饭食"尚需要探讨。因为，按照菜肴饭食的含义，它至少要满足一个基本条件，就是不论是生的食物还是熟的食物都必须要经过人为的加工。然而，在那个蒙昧未开化的年代里，人类不仅没有主、副食的区别，就连获得食物的机会都是有限的，不过是见到能吃的东西就随意食用罢了，谈不上加工。虽然如此，但人类生食的年代仍然是我们饮食文化研究的源头。

中国自古以来就有"民以食为天"的至理名言，它充分揭示了饮食与人类生存的关系。《汉书·食货志》明确记载："饥之于食，不待甘旨，饥寒至身，不顾廉耻。人情一日不再食则饥，终岁不制衣则寒。"所以，在人类的远古年代，饥饿是人类死亡的首要因素。有古人就曾站在更高的文化层面一针见血地指出："王者以民为天，民以食为天。"[①] 在我国史籍中也有很多类似的陈述。如《淮南子·主术训》说："食者，民之本也。民者，国之本也。"宋人陈直在《养老奉亲书·序》中也说："食者生民之天，活人之本也。"可以说，人类的文明历史在某种意义上是从饮食开始的。

晋代田园诗人陶渊明《乞食》诗曰："饥来驱我去，不知竟何之。"它描述

---

① 《汉书·郦食其传》，中华书局 1962 年版。

的是一个人在饥饿状态下潜意识的真实表现，这是人类生存本能使然。这一时期人类的饮食生活主要是生食和饥而择食的。即古人所说的："饥即求食，饱即弃余，茹毛饮血，而衣皮革。"[①]人们在感到饥饿时就去寻找食物，如果吃饱了，而食物还有剩余，也不知道储存，就随便丢弃了，完全处于一种"自然王国"的生活环境中，因而也就不会遇到食物储藏和食物加工的问题。根据研究表明，我国早期先民和其他人类群体一样，最早获得食物的方式也是从采集开始的。

采集，是早期人类为维持生命需求获取食物资源的重要方法之一，在旧石器时代有着举足轻重的作用与意义。因为，采集的对象来源广泛，一年四季几乎都有，种类繁多，果实丰富，甚至在更早的时候连基本的工具都不需要。这种"自然王国"状态的饮食生活方式至今在我国某些地区仍有反映。例如，在西藏一些地区，就流传着"山里有什么，我们就吃什么，地里长多少，我们就吃多少"的民谣。虽然早期的人类以采集天然的植物的子实、嫩叶、幼芽、根茎等为主要食物，但也并不排除采集或捕食小型的动物及其附属品，如鸟蛋、雏鸟、昆虫、茧蛹等。除此之外，还有后来集体行动猎获的各种大型动物，如虎、豹、鹿等。可以说这些都是早期古人类生食时代的"食谱"和"菜单"。

二、谋食方式

如前所述，人类早期获取食物的方式主要有采集、狩猎和捕捞等。人类自从脱离动物界而开始直立生活以来，便依靠群体的力量和共同的智慧去寻觅食物，以维持最低限度的生存需求。

采集，多由女性承担。采集的主要对象是野生植物性食物与昆虫等。通过

---

① （清）陈立撰，吴则虞点校：《白虎通疏证》卷二《号》，《新编诸子集成》本，中华书局1994年版，第50～51页。

采集而获取的食物在人类初期生活阶段占有相当大的比重。这在目前出土的早期人类文化遗址中有大量的案例。当时人们采集的范围很广，种类很多。春、夏两季主要采集植物的嫩芽、叶子和花朵等，如蕨菜、黄花、灰菜、苋菜、山白菜、米叶菜、柳蒿菜、兰花菜、杜鹃花、野葱、野蒜、水芹等。秋、冬两季则采集果实、挖掘根块等。鲜果主要有野李子、山里红、山樱桃、野葡萄、野梨、野柿子、草莓、野香蕉、野柑、猪油果、青刺瓜等10多种；干果则有榛子、橡子、松子、核桃、酸枣等。经考证，橡子是远古人类采集后集中贮藏起来的早期食物之一。[①]古籍中有"聚草木之实"的记录，指的就是这个时期采集果实的事实。

　　狩猎是人与动物的一种较量、格斗。狩猎多由男子分担，个别时候也有女子参加。猎取的对象主要是野生动物、禽鸟等，目的是取得美味的肉食。人与禽兽搏斗，需要体力与智慧，单枪匹马难以达到目的，所以每次狩猎往往要靠数人乃至数十人同心协力才能完成。狩猎得到的肉类食物仅占当时人类生活食品的1/3左右。旧石器时代的石器工具主要有砍砸器（用来砍树木、做木棒，见图1–1）、刮削器和尖状器（用来加工猎物和采集植物根茎）以及石球（见图1–2）、石矛、石镞（用来狩猎）等。考古学家发现了大量属于旧石器时代的石制器物，最早的是生活在距今约170万年前的元谋人遗留下来的。此外，在蓝田人（约80万年前）和北京人（约50万年前）的遗址中也都发现了属于旧石器时代的打制石器。事实上，猎取野兽在当时并不是一件容易的事，需要群体配合，而且能够猎取到什么样的

图1–1　砍砸器（湖北大冶石龙头出土）

　　① 参见徐海荣主编：《中国饮食史》第1卷，华夏出版社1999年版，第141页。

动物就算什么，并没有特别的要求。①

在农耕开始前的 15000 年左右，人类克服了对水的恐惧，开始向水域索取食物，即开始了原始的捕捞。捕捞是人类到江、河、湖、海中去捕捉鱼类、海兽及其他水生动植物为食物的一种生活手段。在史前时代，鱼类资源非常丰富，有水的地方就有鱼，捕捉的方法也很简单，多为徒手捉鱼。在小的水域也可以通过放干水后获捕鱼类，

图 1-2　石球（山西许家窑出土）

即后人所谓的"竭泽而渔"。后来逐渐发展到用木棒打鱼、木刀砍鱼、弓箭射鱼、镖枪捕鱼、鱼钩钓鱼等。随着人类文明的进步，鱼筌、渔网等捕鱼专用工具的发明与创造，使捕鱼活动日益发达。

不言而喻，采集、狩猎、捕捞是人类最古老的生存手段，且持续年代久远。当时人类食物的 99% 以上均靠这三种方式获得。大约距今 10000 年前才出现农耕栽培及驯养家畜、禽鸟的技术。由此可见，采集、狩猎、捕捞在人类进化史及文明发展史上具有不可替代的作用。

据考古发掘及考古学者研究结果可知，距今七八千年前，中国开始进入了原始农耕文明阶段。在距今六七千年前，我国河姆渡一带（今浙江余姚）已有先进的农业活动，主要是种植稻谷。但那时的农业发展水平十分低下，采集、狩猎、捕捞仍然是不可或缺的经济生活来源。也正因为如此，它们后来发展成为与人类饮食文化有关的习俗，至今我国的沿海地区和少数民族地区仍有传承。如古人狩猎前要举办的各种宗教色彩的祭祀仪式，在今天大部分民族的生活中已基本消失，但仍能够从部分少数民族地区对于山林、山神的保护习俗的传承中可见一斑。

---

① 参见徐海荣主编：《中国饮食史》第 1 卷，第 146 页。

三、食物种类

在中华民族的文明进程中，人们开始由采摘、渔猎获取食材，随着原始工具的出现进而又发展出了以谷物生产为主的农耕活动，并且使食物的数量和种类不断增加。我国古代食物的种类习惯上被人们归纳为五谷、五畜、五菜、五果，这在我国最早的医学著作《黄帝内经》和其他典籍中有详细的记载。如《黄帝内经·素问》载："五谷为养，五果为助，五畜为益，五菜为充，气味合耳服之，以补精益气。"这说明我国早期的饮食资料的构成以农作物为主。

古代的五谷一般认为是指谷物粮食。具体有以下几种解释：一种是指粳米、小豆、麦、大豆、黄黍；一种是指稻、黍、稷、麦、菽；一种是指大麦、小麦、稻、小豆、胡麻。实际上从农业发展的一开始，谷物就并非5种，北魏贾思勰《齐民要术》记载了谷物、豆类、薯类就有13种之多。[①] 所以，我们通常所说的五谷是指稻谷、麦子、大豆、玉米、薯类，同时也习惯将大米和面粉以外的粮食称作"杂粮"，而"五谷杂粮"则泛指粮食作物，所以"五谷"也是粮食作物的统称。

五畜，是指从家畜的饲养开始的畜禽类食物。原始人类在狩猎的过程中，逐渐摸透了某些野兽和禽鸟的习性，加之猎物随人类智慧的增长而愈来愈多，有时吃后尚有剩余，便把捉到的幼兽喂养起来。时间久了，人们发现某些经过家养的动物要比野生的温顺，甚至有的动物还可以帮着做点事情，如牛和狗等。若遇灾荒之年，家养野兽还可作为"储备食粮"。经过多少代圈养驯化的动物，逐步适应人类饲养的环境，最终成为家畜家禽。据考古学者研究得知，最早被人类饲养驯化的动物是狗、猪、牛、羊等。其中狗的驯化最早，是由早先的狼驯

---

① 参见（后魏）贾思勰撰，缪启愉校释：《齐民要术校释》，农业出版社 1982 年版，第 73 ～ 124 页。

化而来的。其次是猪，我国发现迄今为止最早的家养猪的骨骼距今大约 8500 年前。（见图 1–3）中国古人把这些饲养的家畜家禽称为"五畜"，也有"六畜"之说。"五畜"一般是指牛、犬、羊、猪、鸡等五种；"六畜"则是指猪、马、牛、羊、鸡、犬。无论是五畜还是六畜均是食用畜禽。

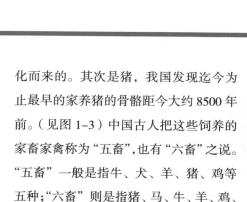

图 1–3 河姆渡出土的陶砵猪纹

五果，最初是指李、杏、枣、桃、栗，后泛指多种鲜果、干果和坚果等。果品是人类早期通过采集获得的食物种类，数量较多，但在长期的实践中人们逐渐选择了其中一些价值较高、种植较易的品种，进行栽培，成为我们今天各种水果、干果的来源。如今果品的种类繁多，形态各异，味道多种多样。无论鲜果还是干果都含有丰富的维生素、微量元素和食物纤维，营养均衡，利于身心健康。

五菜，也是人类早期采集获得的食物种类之一。《黄帝内经》中的"五菜"原指韭、薤、葵、葱、藿五种蔬菜。之所以选取这五种蔬菜作为代表，《黄帝内经》进一步解释："葵甘，韭酸，藿咸，薤苦，葱辛。"其实，我国先民可食用的蔬菜种类非常多，今天人们常见的也有几十种，所以"五菜"也泛指各类蔬菜。蔬菜对于人类的意义非同一般，许多蔬菜在一定的条件下可以弥补谷物粮食的不足。灾荒年间，普通百姓有时经常靠各种瓜菜甚至野菜度日，对于他们而言五菜尤为重要，古人所谓"菜食者"即指贫穷的百姓。因此，蔬菜对于中国传统饮食文化的意义非同一般。

四、火的使用

考古学与历史学研究表明，人类的用火经历了一个从"自然王国"到"自由王国"的漫长过程。在这个过程中，人们开始对火感到恐惧、陌生，逐渐认

识了火的作用，对火产生依赖，后来发展到使用火，并掌握制造火种的方法。

火的使用大概经历了这样一个复杂的过程：起初，山林被自然的雷电击中而引起了漫天大火，由于温度的灼热与气浪的冲击，人们迅速逃离，其中动作缓慢的会被大火烧伤或烧死，于是人们对火便产生了恐惧。但一场大雨过后，大火被完全熄灭，没有了灼热的威胁，人们便会怀着好奇的心情，在被大火烧过的焦土上寻觅，偶尔会发现被烧得焦熟的野兽，甚至可能还散发着肉的香气。于是他们就采集起来食用。结果发现，被烧得焦煳的肉吃起来要比生肉的味道鲜美得多。尤其是获得这些美味的熟食品几乎不用付出任何体力代价。

从此，人们每当遇到有天然大火燃烧的时候，就在其周围等待大火熄灭，以便寻找被烤熟的食物。但人们食用完偶尔获得的熟食之后，就要重新去猎取新的食物，继续他们的生食生活。而人们期待的自然大火，可能需要很长时间才会给人们带来熟食。原始人类就是在这样漫长的反复的实践中，逐渐意识到火可以把食物烧熟，而且烧熟的食物，特别是烧熟的肉吃起来比生食更美味。这大约是人类最早熟制"饭食"的开始，尽管这种熟食的加工不是人类有意识所为。

可能在发现熟食美味的同时，火的照明、取暖、驱逐野兽等功能也被原始

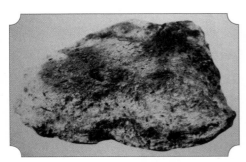

图1-4 北京人用火后的灰烬

人类逐步了解。人们开始有意识地保存火种，把燃烧的火种移至山洞，采集树枝，使其继续燃烧。人们发现，不仅黑暗的山洞在寒冷的季节充满了温暖与光明，而且还可以把猎获来的野兽放入火中烤熟食用。自此，人类开始了用火的时代。（见图1-4）

然而，一场大雨过后，山洞里进了雨水，所有被有意识保存起来的火种被雨水冲灭了，人们不得不重新过起"生吞活剥"的生活。于是，人们产生了对

火的向往，其实这也是人类对光明与熟食的向往。

随着人们对火的认识越来越深刻，对天然火种的保存技术也在不断提高，断火的情形慢慢不再发生。由于早期的原始人类居无定处，尤其是随着狩猎、捕捞的发展，人们总要沿着江河流域移动，到处迁徙，用火的范围也在逐渐扩大，但人们此时已经离不开熟食了。在长期的迁徙中保存、传递或寻找天然的火种，无论如何都不是一件容易的事情。因此，人们产生了自己发明取火的方法。这可以说是人类发明人工取火的原始动力。

关于人工取火的发明过程和时间，虽然我们今天无法得知其详细的情况，但史料的零星记录以及我国民间传说都足以证明火的发明和使用对于人类发展的重要意义。

在我国，人工取火的方法有两种：一是钻燧取火，二是钻木取火。史料记载："上古之世……民食果苽蚌蛤，腥臊恶臭而伤害腹胃，民多疾病，有圣人作，钻燧取火以化腥臊，而民说（悦）之，使王天下，号之曰燧人氏。"[1] 这说的是人们钻燧取火的事。燧，即燧石，是一种含有磷火的石头，用一块铁矿石击打就能产生火花。在我国，钻木取火的记录也非常多。如《礼记·礼运》载："昔者……未有火化，食草木之实，鸟兽之肉，饮其血，茹其毛……后圣有作，然后修火之利……以炮，以燔，以亨，以炙……"据历史学与民俗学研究表明，钻木取火是原始人类最有可能使用的取火方法。但这也不能因此就排除钻燧取火的早期行为，因为人们在用石块打击石块时，很可能碰发出火种。

五、原始烹饪方法

有了火，无论是天然的火还是人类自己制造的火，就可以把生肉或块茎植

---

[1] 陶文台等：《先秦烹饪史料选注》，中国商业出版社 1986 年版，第 173～174 页。

物直接烧熟，甚至是烤熟。因此，烧烤可以说是人类用来加工熟食最原始的烹饪方法。不过，即使烧烤在今天看来是非常简单的熟制方法，但人们在原始社会初期对其的认识与掌握也经历了漫长的过程。

人类最早期的熟食，没有什么技术性可言，不过是些最简单的加热熟制方式。这时的烹饪我们称之为"原始烹饪"，仅仅是把食物烧熟而已，使用的方式主要是烧、烤、炙、炮等。广义上，中国菜肴的烹饪技术应该从人类的"石烹"开始。

"石上燔肉"是石烹法的典型代表，也就是今天人们所知道的"石板烧"。不过，原始意义上的"石烹"形式有许多种，"石板烧"仅仅是其中一种。在石板上，既可以烧肉也可以烧谷。烧谷就是把带壳的谷粒和肉块放在灼烫的石板上烤熟，这是早期"石烹"的一种。如云南独龙族和纳西族至今还常在火塘上架起石块，在石板上烙饼。再如我国山西民间的"石子馍"就是在碳火炉上加上小石子，把石子烧热后再把饼放上烧烤成熟的，都是古之"石烹"法的遗存与传承。

除了利用石块传热把食物加工至熟外，在黄土高原还有一种绝妙的做法，即在地上挖一个深坑，注满水后把食物放里面，然后把鹅卵石放在柴火上烧至灼热，投入地坑中，如此反复几次，不仅可以把坑里的水烧沸，而且可以把食物烧熟。而在一些不具有避水效果的地方，人们则把动物的毛皮铺垫在土坑上面，再注水加热食物。至今在东北地区的一些少数民族民间，还保留着将烧红的石块投进盛有水的皮容器内加热食物的习俗。这样不仅能把水煮沸，连水里的肉块也能烹熟，只是投放过程要反复多次才能完成。

按照现在烹饪方法的分类来看，这种远古的"石烹"的方法应该属于"烙"和"煮"的方法。"石板烧"属于"烙"，它类似于现在的干煎，是最早的带有技术含量的原始烹饪方法之一。而运用石子传热把水烧沸使食物成熟的方法，就是今天的"煮"，也是一种具有技术含量的原始烹饪方法。

在盛产竹子的南方，人们截一节竹筒（古时文人将其称为"竹釜"），装上牛肉、猪肉、鱼肉、米等食物，放在炭火中，同样能做出美味的菜品、饭食。不过这

种间接加热烧烤的放法是人们在掌握了一定的刀具后才能实现的。因此，竹釜的出现是在石烹之后，但同样也是一种历史久远的原始烹饪法。在我国的海南岛、西双版纳、广西等地，不少少数民族用竹子制作背水桶、蒸饭甑子、饭盆、饭盒等，与文献记载相吻合。

远古先民发明类似"石斧""石刀"之类的工具后，把竹子制成"竹釜"也是比较简易的事情，用其煮饭、烹肴既不会烧焦竹筒本身，而又融入了嫩竹之清香，可谓技术性的创造。因此，以竹筒煮饭烹肴应是史前时期人们的烹饪方法之一。

在原始的烹饪方法中，"炮"是最具代表性和技术含量的一种。所谓"炮"，就是用其他物料把食物包裹起来加热、制熟的方法。古人曾云："裹而烧之曰炮。"原始人们也许是在某一次的炙肉过程中，不小心把肉块掉进了软烂的黄泥浆中，迫于食物的短缺舍不得扔掉，就把沾满了黄泥浆的肉块捡起来直接放到了火堆里烧，等到黄泥浆被烧结成硬壳之后，取出食物来，结果香味四溢。人们发现不仅食物熟的程度非常好，而且还没有外表焦煳发黑的现象。正是这一偶然的发现，使人类掌握了一种新的食肴制作方法——炮。

根据考古学的一些研究资料表明，远古时期的"炮"大抵有两种形式：一种是把食物包上泥土后放到火里烧熟，剥去土而食之。至今在我国南方的一些少数民族中仍有"炮"法的遗承。如侗族、苗族在野外捕到鸟类后，就地烧着吃；有时他们用泥巴将捕捉到的鸟或其他野味食物包裹起来，放到火堆内烧熟后，去掉泥壳，撕鸟肉而食。另一种则是用树叶把食物包裹起来用火烧。至今在许多少数民族的食物加工中仍然可以见到这种形式的"炮"。如壮族人民用芭蕉叶、荷叶、菜叶等把鲜鱼包裹起来，放到火堆里烧，等到芭蕉叶烧到快要焦煳时，鱼也就烤熟了。

六、陶器发明与蒸饭

陶器的发明虽然经历了一个漫长的过程，但始于饮食有关的活动是毫无疑问的。

　　传说，祖先通过"炮"的加热方法等发现，被火烧过的黏土会变得坚硬如石，不仅保持了火烧前的形状，而且坚固不易水解。于是，人们就试着在荆条筐的外面抹上厚厚的泥，风干后放入火堆中烧，待取出时里面的荆条已成灰烬，剩下的坚硬之物大概就是最早的陶器了。考古工作者在距今 8000 ～ 7500 年前的河北磁山文化遗址中发现了陶鼎。至此，中国先民进入了陶烹时期，这也标志着严格意义上的烹饪开始了。在此后的河姆渡文化、仰韶文化、大汶口文化、良渚文化、龙山文化等遗址中，都发现了为数可观的陶制的炊煮器、食器和酒器等。在河姆渡遗址和半坡遗址中，人们还发现了原始的陶灶，足以说明早在六七千年以前，中国先民就能自如地控制明火进行烹饪了。（见图 1–5）陶烹是烹饪熟食史上的一大进步，是原始时期烹饪技术发展的最高阶段。

图 1–5　红陶釜灶（新石器仰韶文化出土）

　　早期陶器的发明是否一定是在"炮"的烹饪方法的启发下而来的，我们不得而知。但用黏性较强的泥土包裹食物烧熟后，泥土就被烧成硬壳而具有了原始陶的雏形，则是可信的。随后人们便刻意把泥土弄成各种形状后进行烧制，各种陶制盛器、炊具等就应运而生了。考古成果表明，在出土的早期陶器中，陶鼎、陶釜、陶甑（zèng）等都是食物加工的炊具，所占比例也相当大。这说明，在我国陶器时代的初期，熟食的加工制作就已经开始了。

　　关于原始陶器的发明时间与发明者，史学研究者众说纷纭。三国谯周《古史考》载："黄帝始造釜甑，火食之道成矣。"又说："黄帝始蒸谷为饭，烹谷为粥。"对于中国菜肴的制作技术与烹饪方法的发展进步而言，陶釜的发明具有重要的意义，后来不论釜在造型和质料上发生过多少变化，但用以煮饭、煮肴的原理却没有改变过。更重要的是，釜具有领陶制炊具之先河的作用，后来人们制作的许多其他类型的炊具几乎都是在陶釜的基础上发展改进而成的，例如甑的发明便是如此。

陶甑（见图1-6）的发明使人们的食物加工技术与饮食生活产生了重大变化。运用釜对食肴进行熟制是直接利用火的热能，把食物放到釜中加热，这就是人们习以为常的"煮"法。而用陶甑烹饪食肴时，则是利用火把甑底部的水烧热后产生的蒸汽将食肴制熟，此谓"蒸"法。有了甑，才有了"蒸"的烹饪手段，不仅使食肴的加工方法得到进一步的增多，更重要的是人们进入了对蒸汽的利用时代，而且运用"蒸"的方法人们可以获得较之煮制食肴更多的馔品。

图1-6　应监甑（江西余干出土）

根据考古学的研究成果表明，甑最早出现在距今七八千年前的长江三角洲。距今6200～5300年前的马家滨文化和崧泽文化中的居民都曾普遍使用甑蒸食。距今七八千年前的河姆渡文化则发现了最早的陶甑。[1]陶甑出土的地点多集中在黄河中游和长江中游地区，这表明中部地区饭食的比重远超其他地区，同时也反映了中国菜肴、饭食制作技术水平在中部地区较为发达。"蒸"是中国饮食文化区别于西方饮食文化的一种重要烹饪方法，具有划时代的意义。直到现代科学技术发达的今天，西方人也极少使用蒸法。即便是像法国这样在菜肴烹调技术上享有盛誉的美食王国，甚至连"蒸"的概念都没有，遑论应用。[2]"蒸"作为最具中国传统特色的菜食烹饪方法，在经过了数千年的发展与完善后，已经形成了各大菜系菜肴制作的重要方法之一。除了在主食加工中的应用外，"蒸"还是一种最重要的菜肴烹饪方法，同时也是对食物进行初步制熟处理的重要手段，对于中国饮食文化的发展与菜肴体系的形成具有不可估量的作用。

---

① 参见张征雁、王仁湘：《昨日盛宴：中国古代饮食文化》，四川人民出版社2004年版，第25页。

② 参见张征雁、王仁湘：《昨日盛宴：中国古代饮食文化》，第24页。

七、陶鼎与菜肴制作

在陶制器具中，用于菜肴制作的炊具主要是鼎。如前文所说的陶甑主要是用于谷物的蒸食炊具，而菜肴汤羹的制作则是鼎的广泛使用据考古资料表明，陶鼎

1. 马家浜文化陶鼎（江苏吴江广福村遗址出土）　2. 仰韶文化鹰形陶鼎（陕西华县太平庄出土）

图 1-7　陶鼎

在黄河中下游地区 7000 年前原始人的生活中已广为流行，原始部落中有大量使用鼎为饮食具的证据。而且，这些鼎从制法到造型都有着惊人的相似之处，它们都是在容器下附有三足。陶鼎大一些的可作炊具，小一些的可作食具。（见图 1-7）

陶鼎的发明与普遍使用使我国早期的菜肴食品制作更加丰富多彩。陶鼎是我国煮、炖、熬、焖等烹饪方法产生的基础，尤其是对后来流行时间较久的"羹"类菜肴制作发挥了巨大作用。由于传热速度和散热速度相对较为缓慢，陶鼎逐渐成为需长时间加工制熟的菜肴的必备炊具。

与鼎大约同时使用的炊具还有炉。陶炉遗迹在我国南北方均有发现，以北方仰韶文化和龙山文化所见为多。仰韶文化的陶炉小且矮，龙山文化的则为高筒形，陶釜直接支在炉口上，类似的陶炉在商代时还在使用。南方河姆渡文化的陶炉为舟形，没有明确的火门和烟孔，大都为敞口式。（见图 1-8）而陶炉与釜的组合成为后世炉灶出现的前提，而且这种家庭炉灶的形成也是为了适应中国农业社会发展的结果。至今农村家庭的土灶与铁锅的组合依然是民间饭菜制作的基本设备。由于鼎的腹部太深，只能使用煮、炖等方式制作菜肴，而蒸制主食则要再备陶甑，

非常不方便。而炉灶与釜的结合可以把鼎与甑的功能结合在一起，使炊灶用具简单化。如在釜内加一个支架就可以充当甑用；去掉支架，就可充当鼎用。因此，陶鼎与炉灶的发明与应用是中国菜肴烹制与各种食品制作加工的前提。正因为有了进步的炊具与炉灶设备，中国古代的菜肴制作才更加丰富多样。可以说，中华民族早期的人类饮食生活奠定了中国饮食文化繁荣发展的基础。

图1-8　陶灶（浙江余姚河姆渡遗址出土）

八、原始调料

　　无论是陶鼎的使用，还是陶炉与釜的组合使用，抑或是其他类型的炊煮器具的使用，都为我国菜肴食品制作中调味技术的发展创造了良好的条件。在陶器出现以前虽然已有调味料的使用，但还没有形成真正意义上的调味技术。

　　人类早期使用的调味品究竟是盐、糖、梅，还是其他种类，目前学界尚无定论。但有一点是可以肯定的，即史前时代的许多调味品是人类直接采自于自然的，很少是人工制作的。而陶器的发明和使用为调味品的人工生产奠定了基础。一般认为，早期人们加工的调味品是盐。

　　盐在菜肴、食品制作中的重要性不言而喻。在沿海地区人们发明了从海水中提取食盐的方法，史料中对此多有记录。史学家研究认为，夙沙氏（又称"宿沙氏"）是生活在我国黄河流域下游的部落之一，主要活动在东部沿海的胶东半岛、辽东半岛一带，距今有5000多年。由于长期生活在海边，夙沙氏在漫长的生活实践中发明运用烧火加热蒸发海水的方式制取食盐，应该是非常可能的事情。明代彭大翼《山堂肆考·羽集·煮海》载："昔宿沙氏始以海水煎乳煮成盐，

图1-9　煮海盐图（明·宋应星《天工开物》）

其色有青、红、白、黑、紫五样。"这一传说流行于沿海地区。当地原始居民在采集海产品的过程中，必然获得海水有咸味的知识，后来在煮海水中发现了盐。史料记载表明，无论在沿海还是内地，人们都有"煮盐"（见图1-9）的发明，即使现在大规模的晒盐也是在"煮海为盐"的基础上发展起来的。

盐为"百味之王"，对于菜肴制作来说更是如此。没有盐的调味作用，大部分菜肴都难以做出鲜美的味道。中国菜肴烹饪技术的精华就是用盐的技巧。厨行中自古流传的"好厨子一把盐"，说的就是这个道理。

早期的调味品还包括蜂蜜和甘蔗。甘蔗可能是我国南方地区的甜味来源，不过用于提炼制糖进行调味，则是很久以后的事。但取甘蔗的甜味用于调味，也是有可能的。至于蜂蜜，则是史前时代的主要甜味食品和调味品。蜂蜜的发现时间和使用时间在人们的饮食生活中可能要早于食盐。因为，早在人类的"巢居"时代，在采集食物的过程中就有可能发现了蜂巢中具有甜味的蜂蜜。

九、原始酒饮

中国是世界上最早酿酒的国家之一，对世界酿酒技术的发展做出了巨大的贡献。酒作为一种独特的物质，其产生和发展与生产力的发展有着密切的关系。

在原始社会，先民们巢栖穴居，主要以野果裹腹。野果中含有能够发酵的糖类，在酵母菌的作用下，可以产生一种具有香甜味的液体，这就是最早出现的天然果酒。

"猿猴造酒"的古代传说正是建立在这种天然果酒的基础之上的。江苏淮阴洪泽湖畔的草湾曾经发现了"醉猿"化石，证明天然果酒是在"人猿相揖别"之前就已产生。猿猴不仅嗜酒，而且还会"造酒"。清代徐珂编撰的《清稗类钞·饮食类》载："粤西平乐等府，山中多猿，善采百花酿酒。樵子入山，得其巢穴者，其酒多至数石。饮之，香美异常，名曰猿酒。"不仅粤西山中有猿猴酿酒，在安徽黄山也有类似的情形。明代李日华《紫桃轩杂缀》载："黄山多猿猱，春夏采杂花果于石洼中，酝酿成酒，香气溢发，闻数百步。"[1] 当然，这里的"酝酿"是指自然变化，猿猴居深山老林中，完全有可能遇到成熟后因发酵而带有酒味的果子，从而使猿猴采"花果"，"酝酿成酒"。不过，猿猴酿造的这种酒与人类酿的酒是有质的区别的，猿酒充其量也只能是带有酒味的野果。

在距今 5 万～4 万年前的旧石器时代的后期，人类有了足以维持基本生活的食物，在适当的温度、水分等条件下，酵母菌就可能使果汁变为酒浆。另外，当猎获到正在哺乳期的母兽时，人们可以间接尝到兽乳，含糖的兽奶也可能受到自然界酵母菌等微生物作用发酵成酒。自然发酵而成的果酒和用乳酿制的酒，可以说是最原始、最古老的酒了。进入新石器时代后，随着农业文明的发展，人们收获的谷物日益增多，而且又有了陶制器皿，使得酿酒生产成为可能。有学者认为，仰韶文化是谷物酿酒的萌发期；而到了龙山文化（距今4900～4100 年）时期，酿酒已进入盛行期，这从龙山文化遗址中出现很多尊、斝（jiǎ）、盉（hé）、爵（见图 1-10）、高脚杯等酒器可以得到证实。不过，中国早期的酒多属黄酒。

---

① （明）李日华撰，薛维源点校：《紫桃轩杂缀》，凤凰出版社 2010 年版，第 254 页。

图1-10　商代酒器爵（河南安阳
殷墟博物馆藏）

到商代，酿酒技术有了长足的进步，曲蘖开始出现。"蘖"是用发芽的谷物制成的酿酒发酵剂，用这种糖化剂所酿成的酒叫"醴"，醴是一种甜酒。"曲"是一种以含淀粉的谷物为原料的培养微生物的载体，曲中有着丰富的菌类，如曲霉菌、根霉菌、毛霉菌及酵母菌等。以曲酿酒能同时起到糖化和酒化的作用，从而把谷物酿酒的两个步骤——糖化和发酵结合在一起，为我国后来独特的酿酒方法——曲酒法和固态发酵法奠定了基础。

现存的先秦典籍中，不涉及酒的是很少的，甲骨文和金文中都有"酒"字。对于酒的发明人传说甚多：一种说法认为酒是夏禹时代一个叫仪狄的人开始酿造的；另一种说法认为发明酿酒的人是舜帝之子杜康；还有一种说法是神农时代已经有酒；等等（详见第六章）。

这里要说明的是，至少在我国原始社会的末期，先民们已经有酒可饮用了，但那个时期的酒无法与今天的酒相比。因为那时的酒仅仅是一种含有少量酒精的类似于今天的果汁饮品。据史料记载，直到周代，人们喝的酒仍然是酒渣与酒混合在一起的"浊酒"，不能和现在的各种美酒同日而语。

十、献食祭祀习俗

在上古人类的食物习俗中，最主要的应是以祭祀献食为代表的活动。我国早就有"民以食为天"的认识，所以原始先民们也把食物看成是最珍贵的礼品，在祭祀中奉献给天地神灵和列祖列宗。因此，祭祀活动中的献食供奉是祭祀的主要手段。《礼记·礼运》称："夫礼之初，始诸饮食。其燔黍捭豚，污尊而抱饮，蒉桴而土鼓，犹可以致其敬于鬼神。"这段话的意思是，祭祀之礼起源于向神灵

奉献食物，只要将燔烧的黍稷和猎获的猪肉供神享食，在地下凿挖坑穴当作水井，用双手捧水献给神灵，并用木棒敲击土堆为鼓作乐，就能够把自己的愿望与敬意传达给鬼神。另外，从对文字起源的研究中发现，表示"祭祀"的字多与饮食有关。

在诸多祭祀奉献的食物中，以肉食最为珍贵。这是因为在原始采集和狩猎的原始时代，肉食是人们拼着性命，不惜被其他野兽吃掉的危险猎获得到的。当原始农业和畜牧业发展起来时，肉食仍极为宝贵。在孔子的时代，弟子拜师的礼物也不过是两束肉干而已。后世的"亚圣"——孟子所构想的理想生活，就以70岁能吃上肉为重要标准。可见肉食的难得和珍贵。正因为如此，肉食就成为献给神灵的主要祭品。古代用于祭祀的肉食动物叫"牺牲"，多指马、牛、羊、鸡、犬、豕等牲畜，后世称"六畜"。六畜中最常用作祭祀的是牛、羊、豕三牲，但多为统治阶级和贵族阶层使用。鸡、鱼、兔等也用于祭祀，但不属"牺牲"之列，一般为百姓人家使用。

夏商时期还流行一种"飨食"之礼。飨食的对象既可以是活着的人，也可以是鬼神者。因为，古人认为，把最美好的食物用来飨食鬼神，就像宴飨宾客一样，宾客喜悦，就会加倍报答主人的恩典。所以，古人祭祀鬼神也可以称为"飨"。不过，"飨"是一个进食待客的过程，而祭仅仅是一个供奉的仪式，所以古人祭祀鬼神的过程实际上是一个先祭祀而后飨食的仪式。古人把祭祀鬼神或先祖仪式用过的食物分而享之，称为"纳福"。类似的习俗至今在许多地方仍有传承。如参加完长辈的葬礼后人人分得一些食物，作为获得福气的象征等。

作为祭品的食物除"牺牲"外，还有五谷杂粮，一般称为"粢盛"。新鲜的果品蔬菜在民间祭祀中也是常用的祭品。如佛教传入中国后，在民间流行的"斋祭"中，果品和蔬菜更加丰富，甚至成为食物祭品的主角。另外，酒也是祭祀神灵的常用祭品。

古时还有一种"荐祭礼"，很值得今天的人们了解。"荐祭礼"就是人们在

每一次吃饭进食之前都要象征性地祭祀先人和天地神灵，以表达对天地神灵赐予食物的感激之情，也感恩先祖神灵护佑儿孙后代之德。直到现在一些地方，在宴聚饮酒前，要对天地浇洒一些酒水，即是这种古代饮食习俗的遗风。这种进餐前的祭祀仪式，至今在世界其他国家和民族都有沿承。

第二章
农耕文明的
丰富食物

我国是一个农业大国，自古以来就有以农治国的传统，由此发展积淀的农耕文明，便成为中华民族文明发展的基础。所谓农耕文明，是指由我们无数先辈在长期的农业资料生产中形成的一种适应农业生产、生活需要的国家制度、礼俗制度、文化教育等文化的集合。我国的农耕文明集合了远古人类对自然的认识与感悟以及后世发展积累的儒家文化、道家文化，包括各类宗教文化为一体，形成了自己独特文化内容和历史特征。传统的农业文明，是一种"男耕女织"的生活模式，以自产自足为特色的民族群体，具有规模小、分工简单、商品交换不发达的特点。但正是在这样的农耕文明背景下，先民们创造了发达的农业生产方式，积累了丰富的农业生产经验，获取了丰硕的食物资源，为中华民族的生存繁衍、昌盛发达奠定了坚实的物质条件。中国的农耕文明，自"神农氏尝百谷"开始，历洋洋数千年的发展历程，蕴涵着深厚的文化积累，是中华民族的文化宝藏。然而，农业社会由于受封建思想的严重束缚，长期闭关自守，并没有形成典型的农、牧相结合的经济结构。但农耕文明发展所创造的文化成果以及由此形成的华夏民族的传统生活方式，在我们今天日益发达的工业文明的背景下，尤其应该了解。特别是要从中传承我们民族优秀的文化基因，保持传统生活的一些健康的生活方式和理念，这对于当前快速的生活方式具有重要的意义。

由于中国南北方气候差别较大，农业耕作在中国一开始就形成了南、北两个不同的类型，不论谷物品种，还是栽培方式，都存在一定的差别，这都是由地理自然条件所决定的。在南方，稻谷也就是大米是其主要农作物。而在黄河流域广大干旱地区，尤其是在黄土高原地带，气候干燥，适宜旱作，占首要地位的粮食作物是粟，俗称"小米"；在北方地区与粟有着同样悠久的栽培历史的作物还有黍，俗称"黄米"。由于黄米的黏性较强，产量较低，比起小米来，种植范围则要小得多，再加上煮食、蒸食也不如小米可口，至今民间多用其煮粥和酿酒。后世北方广泛种植的大麦和小麦，在史前时期还没有形成大面积的种植。

在我国南方，特别是江南地区，由于气候温暖湿润，雨水充沛，河湖密布，适宜大面积种植的谷物是水稻，如今从考古发掘中已经得到了可靠的证实。较早栽培稻谷的实物出土于江浙地区的河姆渡文化和马家浜文化遗址，距今约为7000年。（见图2-1）在河姆渡文化遗址发现了大量的稻壳，据发掘报告说总量达到150吨之多。在一些炊器的底部，还保留着米饭的焦结层，有的饭粒还相当完整。据研究表明，那时的水稻已区分为粳、籼两个品类，表明水稻的种植驯化在此之前很久就已完成。①

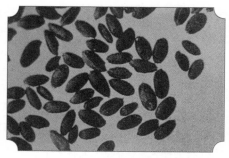

图2-1　稻粒（浙江余姚河姆渡出土）

史前中国南北方的粮食作物虽有不同，但基本上都是"粒食文明"。因此，史料中的"石上燔谷"是华夏民族共同的饮食文明创造，并由此确定了谷物食品作为"主食"的地位。主食的较早确定，为后来以副食原料为主加工的菜肴体系创造了先决条件。

一、神农氏与"百谷"

传说神农氏是我国远古时代伟大的农业之神，发明了许多耕田的农具，教百姓学会了种植庄稼，并由此创造了农耕文化。

神农氏，其实就是我们经常挂在嘴边的"炎黄子孙"中的炎帝，距今5500～6000年，生于姜水（今陕西宝鸡境内）之岸。古文献中尊称其为"五谷王""五谷先帝""神农大帝""帝皇"等。为华夏三皇之一，传说中农业、医药的发明者。

---

① 参见徐海荣主编：《中国饮食史》卷一，第178页。

传说神农氏的样貌很奇特——牛首人身，龙颜大唇，身体透明。汉代班固《白虎通义》卷一载："古之人民皆食禽兽肉。至于神农，人民众多，禽兽不足，于是神农因天之时，分地之利，制耒耜，教民农耕，神而化之，使民宜之，故谓之神农氏。"我们的祖先早期本来是以采集、渔猎为生的，但是到神农时代，野果、禽兽肉食等不足以养活众人，于是炎帝就率领人们开荒种地，为此他发明了许多农具。为了寻找适合种植的谷物粮食，他天天在山间田野里尝百谷，多少次不幸中毒，但都化险为夷，终于选择了我们今天所见到的"五谷杂粮"。于是人们有了新的食物来源，农耕文明也由此产生。

关于神农发明和推广种植百谷的事情，在历史上有许多传奇故事，借以神化神农的伟大。《诗经·大雅·生民》载有："诞降嘉种，维秬维秠，维穈维芑。"古人演绎为"天降嘉谷"，并赋予其许多美丽的传说。民间传说，在很久以前，有一只全身通红的大鸟，嘴里衔着一株九穗的稻禾在天空飞来飞去。不知道是在哪一天，谷穗上的谷粒落到了地上，被神农发现。于是他捡起谷粒，把它们小心翼翼地种在土里，然后又不断地给它们浇水。不久，它们长成了又高又大的谷子，人们发现谷粒比肉类更清香。于是，在神农的领导下，人们开始种植谷物粮食。（见图2-2）当时人们把这种天降的粮食称为嘉谷，并认为"嘉谷"不但可以充饥，而且还能使人长生不死。

几乎所有的史料记载都是说神农尝"百

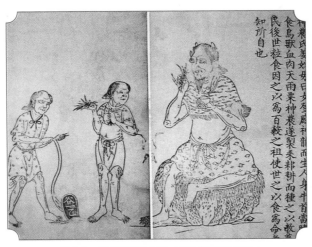

图2-2　神农教稼图（元·王祯《农书》插图）

谷",那么"百谷"是什么?据说在我国中原地区,有一种谷物,因形如人的手掌,故称"五爪谷"。当地人认为,"五爪谷"和"百谷"是名称不同,但形状相同的一类东西,或者说"五爪谷"就是"百谷"。因为"百谷"不是指有一百种谷,而是指一种独支谷穗,穗长、谷粗、朵大,其谷壳皮色偏白。据说在神农氏炎帝故里的农夫称之为"百圪朵谷",形象地说是一枝谷穗上长有100多个谷圪朵,产的米粒较多,简称"百谷"。另外,二者在食用性质上也有所不同,"五爪谷"是一种软谷(粳米),适用于饭食,"百圪朵谷"是硬谷,适宜于熬粥。根据古代文献资料记载,在神农氏故里至今还有神农氏尝试五谷的试验田,史称"五谷畦",当然这和后世史书上记述的"五种谷物"有本质上的区别。以上有关神农氏的传说都是后人对自己祖先的神化,说明他与黄帝等一样,是中华民族文明之祖。

二、五谷杂粮

我们今天通常所说的"五谷杂粮",是对稻谷、麦子、大豆、玉米、薯蓣等粮食的总称,而习惯上又将稻米和小麦称为"主粮",米面以外的粮食称作"杂粮",所以,五谷杂粮泛指粮食作物。也就是说,"五谷"历来是国人对粮食作物的统称。

但在我们农业发展的历史上,"五谷"一词还是有所指的。"五谷"一词最早出现在《论语》一书中。《论语·微子》云:"丈人曰:'四体不勤,五谷不分,孰为夫子?'"[1]大意是说,孔子带着几个学生出门远行,子路掉队在后面,遇见一位用木杖挑着竹筐的老农,便问他:"你看见夫子了吗?"老农说:"你是说那个四肢不劳动、五谷分不清的人吗?"从"百谷"到"五谷",是不是粮食作物的种类减少了呢?其实并不是。当初人们往往把一种作物的几种不同品种

① 杨伯峻译注:《论语译注》,中华书局1980年版,第195页。

都起上一个专名，这样列举起来就多了，而且"百"字在这里不过是多的意思，并非真有 100 种。"五谷"这一名词的出现，标志着人们已经有了比较清楚的分类概念，同时反映了当时的主要粮食作物有五大种类。

"五谷"究竟指的是什么，史料没有明确的记载。汉代和汉之后的解释主要有两种：一种是稻、黍、稷、麦、菽为"五谷"，其中菽是大豆；另一种是麻、黍、稷、麦、菽五种，其中麻是指大麻。这两种说法的差别，只是一种有稻而没有麻，另一种有麻而没有稻。麻虽然可供食用，但它的主要用途是其纤维可用来织布。从"五谷"主要指粮食这一层面来说，前一种解释没有把麻包括在内，比较符合情理。但是从另一方面来说，当时的经济文化中心在北方，稻是南方作物，北方栽培有限，所以"五谷"中有麻而没有稻，也极有可能。所以，活动在北方中原地区的周朝的史籍中所记录的作物，就是麦、稷、黍、菽、麻五种。大概因为这些原因，所以汉人和汉以后的人对"五谷"就有两种不同的解释。

如果把这两种说法结合起来看，则共有稻、黍、稷、麦、菽、麻六种作物。这应该是综合了我国早期文献而得知的当时的主要作物。可以说"五谷"，就是指这些作物，或指这六种作物中的五种，或指以这五六种为代表的所有谷物。大约同时期古人提出的"五谷为养，五果为助，五畜为益，五菜为充，气味合而服之，以补精益气"的饮食调养原则，不仅奠定了中华民族饮食结构的基础，同时也确定了"五谷杂粮"在饮食中的主导地位。这里的"五谷""五果""五畜""五菜"显然指的不是具体的食物种类，而是对一类食材的泛指。也可以说，当时对"五谷"的表达，受到了先秦时期中国五行思想的影响。随着社会经济和农业生产的发展，"五谷"的概念在不断演变着，现在所谓"五谷"，实际只是粮食作物的总称或泛指。

那么，在传统意义上，杂粮又是指哪些食物呢？简单来说，除了稻米、小麦以外的所有植物粮食都可以叫作"杂粮"。如玉米、大麦、黍稷、荞麦、甜荞、苦荞、燕麦、糜子、马铃薯、木薯、油葵、糯玉米、谷子、高粱、甘薯、花生、

芝麻、黄豆、绿豆、蚕豆、红芸豆、红小豆、小豆、豌豆、芸豆、豇豆、小扁豆、黑豆、籽粒苋、薏苡、青稞、地瓜等。

　　杂粮是相对于精细的米面而言的，人们习惯上认为是粗粮，所以也被称作"粗杂粮"。我国是粗杂粮生产种类和数量最多的国家，尤其是收成不好的年份，比如发生干旱、水灾时等，粗杂粮在人们的生活中就显得尤为重要。因为，在杂粮中，有的是耐干旱的植物，有的是不怕水涝的植物，具有与主粮互补的优势，所以一旦遇到主粮收成不好的年份，杂粮就成了主角。另外，传统饮食观点认为，有的杂粮含有丰富的膳食纤维，有的含有丰富的微量元素，不仅是饮食养生的佳品，而且是不可缺少的食品。同时，多种多样的杂粮与主粮的配合产生了丰富多彩的传统面食种类，起到了调节百姓日常生活的效果。如今具有"面食之乡"的山西，其五花八门的面点、杂粮制品，已经成为展现中国饮食文化博大精深的窗口。

三、六畜兴旺

　　"五谷丰登，六畜兴旺"是中国长期以来，许多农家贴在自家门上的春节对联。这副对联是农业社会一般农民家庭对美好生活期冀的写照。那么，"六畜兴旺"中的"六畜"是指什么呢？

　　"六畜"一词在一般辞典里的解释是指牛、马、羊、猪、鸡、狗。"六畜兴旺"饱含人们对各种牲畜、家禽繁衍兴旺的希望，因为"六畜"不仅可以提供副食的肉类（见图2-3），而且"六畜"中的牛、马等还是农耕文明时期最重要的动力农具，帮

图2-3　洗烫家禽图（甘肃嘉峪关出土魏晋砖画）

助农民完成犁地、播种、运输等重要的农耕工作。

"六畜"和"五谷"一样，也是我们的祖先在长期的实践中慢慢从众多的动物中遴选、驯化而来的。早在远古时期，我们的祖先就根据自身生活的需要和对动物世界的认识程度，先后选择了马、牛、羊、鸡、狗和猪进行饲养驯化，经过漫长的岁月，逐渐成为家畜，"牛能耕田，马能负重致远，羊能供备祭器，鸡能司晨报晓，犬能守夜防患，猪能宴飨速宾"[①]。这是古人总结出来的"六畜"的主要功能。由此看来，"六畜"因各有所长，各有所用，最终成为我国农业社会里的家畜家禽，为人们的饮食生活提供了基本保障。

古人对"六畜"除了一般意义上的认知外，还根据它们的生活习性及应用状态，赋予其不同的等级和地位。其中，马、牛、羊在古代被人们列为"上三品"。因为马和牛只吃草料，却担负着繁重的体力劳动，是人们生产劳动中不可或缺的好帮手，理应受到尊重。性格温顺的羊，在古代象征着吉祥如意，人们在祭祀祖先时，羊是第一祭品，羊更有"跪乳之恩"，尊其为上品，乃顺理成章之事。而鸡、犬、猪为何沦为"下三品"，也只能见仁见智了。猪往往和懒惰、愚笨联系在一起，除了吃和睡，整天无所事事，最终以死献身，供人任意宰割，仅有"庖厨之用"，猪的地位不高，也就不足为奇了。鸡在农业时代的家庭经济中，也只起到拾遗补缺的作用，尽管雄鸡能司晨报晓，其重要性与牛、马相比，也难争高下。狗给人的坏印象是由来已久的，我们耳熟能详的成语"狼心狗肺""狗急跳墙""狗仗人势"等几乎全是贬义词，可见当时狗的地位是多么低下。

在农业社会，人们对肉食的利用相对于五谷杂粮来说要少得多。而六畜从饮食文化的角度来看，主要发挥如下两方面的功能：

首先是祭祀之用。古人用来盛祭祀之牲的食器叫"牢"，用以盛牛、羊、豕三牲，于是人们把祭祀时并用的牛、羊、豕三牲称为"太牢"。如果祭祀时只有

---

① （宋）王应麟著，（清）王相训诂：《三字经训诂》（刻本影印），中国书店1991年版。

羊和豕两种，就叫作"少牢"，祭祀的等级规格就低一些。还有，只用羊或只用豕的则称为"特"，曰"特羊""特豕"。后世祭祀所用的家禽家畜，也多为牛、羊、豕，但有时以"太牢""少牢"称之。也有用牛、羊的。明清以来，宫廷和大家族举行重大祭祀活动时才使用牛、羊、猪；而一般家庭祭祀先祖或节日祀供时，则多用鸡、鱼、猪头之类。

其次是养老之用。古代社会生产力低下，再加上统治阶级残酷的剥削，普通百姓日常生活中是不容易吃到肉的，因此六畜多为养老孝亲之用。孟子在他描述的"王道乐土"的理想图景中曾说："五亩之宅，树之以桑，五十者可以衣帛矣，鸡豚狗彘之畜，无失其时，七十者可以食肉矣。"[1]先秦时期，所谓"七十者可以食肉矣"，是古代尊老养老孝亲的习俗。古代有"五十非帛不暖，七十非肉不饱"，说的就是这个意思。这一习俗至今在我国许多地区仍有传承。如父母60岁时，女儿要给老人送肉祝寿，民间有"六十六，吃刀肉"的说法，就是一种肉食养老孝亲的文化传承。

四、米食与面食

我国南、北方气候分明，其食材物产自古以来就有差别，南方以稻米为主，北方汉代以后则以小麦等为主，由此形成了"南米北面"的饮食习俗。于是，也就有了"米食文化"与"面食文化"的区别。

米食文化随着人类开始栽培稻谷而产生，伴随着水稻栽培及加工科技的进步而发展。可以说，米食文化出现在适宜种植水稻的地区，既包括因种植水稻而形成的生产文化，也包括因食用稻米而形成的生活文化。米食文化源远流长，在史料中，无论五谷还是六谷，历来都把"稻"排在第一位。古人把稻列为"六

---

[1] 《孟子·梁惠王上》，中华书局 1960 年版。

谷之首"，说明它在所有粮食品种中的价值和地位非同小可。"无米不成炊"高度概括了中国传统米食文化的丰富内涵。这里所说的"稻"是稻谷的总名，稻有早、迟、粘、糯之分。在上古之世，未曾有谷，后稷教民稼穑，始知耕田。神农、黄帝虽制有五谷，人们却尚未全种。至唐太宗祥符年间，遣使臣往占城国（今越南胡志明市一带）求得谷种归来，中国方得全种，以养万民。糯谷是粘谷内选其软者，曰"糯"，就是现今酿造米酒所用的谷。除糯谷之外，又有名"秔"、名"粳"、名"籼"等。籼谷为早稻，粳谷为晚稻。中国的稻谷从无到有，从国外引进到试种繁殖，从选种育种到更新早、晚、粘、糯多品种，是一个不断实践探索、发展提高的过程，也是米食文化日益丰富发展的过程。我国的米食文化覆盖整个长江流域及其以南的广大地域。

我国北方则是面食文化的范围。但"面食"一词的出现却是晚近的事情，因为至少在唐朝以前，人们把除了面糊以外的所有面食品种统称为"饼"。所以，古代的面食文化实际上应该叫作"饼食文化"。可以粗略地认为，中国的饼食文化起源于三代，形成于汉代，盛于魏晋南北朝，臻于唐朝。唐朝以后开始称之为"面食"，并出现了面食品类的分化，形成了几大系列，如带馅的包子类，不带馅的馒头、面条等，沿承至今，日趋臻美。

隋唐时期，我国的饼食文化在传承前代各种优良技艺的基础上，制法与品种日益丰富多彩。特别是盛唐时期的对外开放与交流，使以中原为中心形成的面食地区的饼食品种日益增多，由原来的几十种发展成为数百种，促使原有"饼"的概念与内涵发生了历史性的变化，开始了中国历史上真正意义上的面食加工技艺，并由此确定了面食文化在中国烹饪文化与饮食文化中的重要地位。尤为人称道的是，这一时期全面完成了面食品类的细化，形成了以馒头、包子（饺子）、面条、饼为代表的四大面食品类，并沿承至今。但在这之前，人们把面条叫作"汤饼"，把馒头、包子叫作"蒸饼"，除此还有"胡饼""金饼""髓饼""索饼"等。（见图2-4、图2-5）

进入宋代以后，面食品种发生了较大的变化，品种日益增多，烹饪方法也有了炒、燠、焖、煎、烙等，而且还在面中加入或荤或素的浇头，因此宋代被誉为中国饮食业的高峰期。面食大类主要有饼、包子、馒头等，具体如芙蓉饼、春饼、油酥饼、春卷、七宝包、肉丝糕、乳糕、枣糕、四色馒头、糖肉馒头等70多种。粥类品种更是繁多。元代面食主要有面条、馒头、蒸饼、烧饼、馄饨、扁食（饺

图2-4 擀面图（新疆维吾尔自治区吐鲁番阿斯塔那古墓出土唐泥俑）

子）等，食品花样很多。在明代，面食的制作就已经很精美了。明代程敏政作《傅家面食行》赞美当时的面食说："美如甘酥色莹雪，一匙入口心神融。"明清时期，面食的加工以山西、山东最为见长。北方地区的人们一方面取材于当地所产小麦、玉米、高粱、谷子等杂粮，促进了以面食为主食的发展趋向；另一方面，面食文化的不断发展又反过来促进了农业种植向杂粮种植发展。北方的面条制作就集中反映了这一地区面食文化的特点。一碗面条集主食、副食于一碗之内，边吃边添加，各随其便，亦不必拘于饮食礼仪，饭间费时不多，忙时稠、闲时稀，

图2-5 烙饼图（新疆维吾尔自治区吐鲁番阿斯塔那古墓出土唐泥俑）

也很节约，并不断在人们的努力探索之下花样百出，形成了富有特色的面食文化代表。其他，如馒头、包子、饺子之类，也是在不断的生活积累中逐渐丰富发展成为各成系列的美食品类，极大地丰富了中国的面食文化的内涵。

五、外来食物

中国丰厚的饮食文化还得益于历史上和中国以外地区、国家的文化交流。在不断的文化交流中，大量的食物得以引进，不仅丰富了华夏食物的种类，而且还促进了中国饮食文化的发展。

首先，在汉代，随着经济的日益繁荣，国家逐渐繁荣昌盛起来，对外交流也日益频繁。当时把玉门关以西广大地域上的地区和国家统称为"西域"。汉代历史上以官方为主的西域交流活动很多，其中最有代表性的就是以张骞为首的多次出使西域的成功创举。张骞在多次出使西域的过程中，尽管受尽了磨难，但却在东西方物产交流方面起到了互通有无、互通贸易的作用，开创了丝绸之路繁盛交往的先河。张骞的历次出使从西域带回来大量的域外物产，不仅使汉武帝兴奋不已，而且大大丰富了我国的食物种类。据史料记载，汉代从西域传来的物产有芝麻、胡麻、无花果、甜瓜、西瓜、安石榴、绿豆、黄瓜、大葱、胡萝卜、胡蒜、番红花、胡荽、胡桃等。[①] 这其中大部分瓜果菜蔬至今仍然是我国最大众化的副食品和重要的制作菜肴的原料。

从中国菜肴文化方面而言，汉代从西域引进的各种富有浓郁香味的原料，诸如芝麻、胡麻、大葱、胡蒜、胡荽等，尤其具有重要的意义。这几种用于菜肴调味的香菜香料，既丰富了当时人们的饮食口味，也充实了中国菜肴调味料的种类，促进菜肴烹调技艺发展。如胡荽，又称"芫荽"，别名"香菜"，有特殊的馥郁香味，成为中国菜肴中调羹制汤最美的原料。再如胡蒜，即今天的大蒜，较之原有的小蒜辛香味更为浓烈，也是我国长期以来用于菜肴调味，特别是调制冷菜最重要的佳品，即便在当今的百姓家庭中也是常备的食品。还有从印度

---

① 参见张征雁、王仁湘：《昨日盛宴：中国古代饮食文化》，第71页。

传进的胡椒，更是我们熟知的调味佳品，甚至后来成为我国某些地区菜肴风味流派形成的关键性用料，其意义不必细述。因此，可以毫不夸张地说，汉代丝绸之路上众多的食物特产，所散发出来的浓郁的"胡食"芳香，对中国汉代菜肴调味烹饪技术的影响是巨大的和长期的。

汉代以后，几乎历代都有不同程度的对外交流，陆续引进了许多原本中国没有的食物种类。如西瓜、无花果等，是在五代时期由丝绸之路传来的。扁豆原产于印度，魏晋时传入我国。茄子原产于东南亚和印度，晋代时传入我国。菠菜原产于波斯，唐朝时传入我国。木耳菜原产于亚洲及北美洲，宋朝之前我国已有栽培。莴笋原产于地中海沿岸，由西域使者来华时传入。胡萝卜是波斯人来中国时带入云南地区后传入的。红薯是在明万历年间由晋安人陈振龙从菲律宾引入福建的。土豆原产于南美，明末传入我国。辣椒原产于中南美洲热带地区，明朝时传入我国。洋白菜又叫"包心菜"，清早期传入我国。南瓜原产非洲，由波斯传入，但具体年代不详。四季豆原产于中南美洲，明朝时传入我国。番茄于清朝中晚期经丝绸之路传入中国。西葫芦就是美洲南瓜，清朝中期传入我国。生菜原产地中海附近，清晚期引入我国。菜花原产于地中海沿岸，传入我国也就100多年。洋葱原产于伊朗、阿富汗，已有5000多年栽培历史，传至我国仅百余年。

我们今天生活中的许多食品来自于国外或海外，它们是在不同时期传入我国的，不仅丰富了我们华夏民族的食物种类，而且也扩大了人类文化交流的领域。因此，中国传统的饮食文化不仅是华夏民族一个群体的创造积累，而且是在数千年的发展过程中，经过不断地与域外和国外的文化交流、互通有无的进程中积渐完成的。

六、丰富的蔬菜

蔬菜是食物构成中不可或缺的一部分，"菜不熟为馑"，古人早就知道它的

重要性。但上古时代物质生活条件十分简陋，蔬菜种类很少。《诗经》中记载的植物有 150 多种，其中只有一小部分是可以食用的蔬菜，如蔚、韭、葵、芹、荇、笋、荷等。传到现在的蔬菜种类大概只有芹菜、韭菜和莲藕之类的了，其余则退出了蔬菜领域，成为野生植物了。但在当时它们却都是人们生活的必需品，连带苦味的葫芦叶子都当菜吃，不难想象那时蔬菜品种是多么贫乏。战国秦汉时期，情况稍有改善，但品种仍然不多。那时候最主要的蔬菜有五种，即史料中所载的"五菜"——葵、藿、薤、葱、韭。

葵在古代为"五菜"之首，有的文献把"葵"尊称为"百菜之王"。它不但是周代的主要蔬菜，而且是汉代诗歌里的常见之物，如"青青园中葵"。《齐民要术》一书中专辟章节介绍葵的栽培技术，其地位之重要可以想见。北魏贾思勰撰写的《齐民要术》是我国乃至世界上迄今为止最早的农业科学著作，其中所记载的内容是我国魏晋南北朝及以前的农业生产情况。书中记录的蔬菜有葵、蔓菁、大小蒜、葱、韭、薤、蜀芥、芸、胡荽、兰香、荏（白苏）、蓼（分香、紫、青蓼）、姜、荷、苜蓿、胡思、花椒、莲藕等 20 多个种类，100 余个品种。其中，仅瓜类一项就有 42 个品种。如大瓜"出自凉州的大如斛""永嘉美瓜……香甜青快"；羊髓瓜、狸头瓜等为上品，产地"以辽东、卢江、敦煌之种为美"[1]。唐代以后，葵这种之前备受人们推崇的蔬菜，由于受到各种新栽培和引进品种的影响，加上它被认为"性滑利，不益人"，种植的数量和范围逐渐减少；到了明代已经很少有人种葵了。明代李时珍《本草纲目》明确以"今人不复食之"为由，把它列入草部，不再当蔬菜看待了。

藿是大豆苗的嫩叶，如今人们也不再将其当菜吃了。至于薤（小根蒜）、葱、韭，则是荤辛类蔬菜，在我国古代蔬菜中占有重要的地位，据史料记载，汉代皇室的菜园在冬天可以用温室生产葱、韭等蔬菜，这样培育出来的韭菜名为"韭

---

① （后魏）贾思勰撰，缪启愉校释：《齐民要术校释》，第 126～226 页。

黄"，尤为鲜美。在汉代这种温室栽培的蔬菜较为罕见，但到了宋代，由于栽培技术的普及，温室蔬菜数量就非常多了。

除葵、薤、藿、韭、蒜之外，萝卜、蔓菁（大头菜）等根系菜在我国的种植历史也比较早，生产量也非常大。我国自古盛行栽培萝卜，并培育出了许多优良品种，欧洲虽然也有萝卜，但都是小型的四季种，而且单位面积产量很少，在利用价值上无法与我国相比拟。我国也是蔓菁的原产地。三国时，诸葛亮认为蔓菁有六大好处，极力推崇，其一就是在冬天可以用蔓菁当主食。唐代杜甫《暇日小园散病将种秋菜督勒耕牛兼书触目》诗曰"冬菁饭之半"。

魏晋至唐宋时期，我国陆续从国外引进一些蔬菜品种，如茄子、黄瓜、菠菜、莴苣、扁豆、刀豆等。茄子原产于印度和泰国，我国文献中最早提到它是在晋代。茄子的皮一般呈紫色，但唐代由新罗传入一种味道佳美的白茄，有人送给诗人黄庭坚一些白茄，他还作《谢杨履道送银茄四首》答谢道："君家水茄白银色，绝胜坝里紫彭亨。"（这里的"紫彭亨"，即紫色大茄子）黄瓜原产于印度，传入我国的时间大约比茄子晚，初名"胡瓜"，至唐代改为"黄瓜"，而且成为南北方常见的蔬菜。菠菜，据记载是唐朝贞观年间由尼波罗国（尼泊尔）传来的，最初叫"波棱菜"，后简称"菠菜"。此菜色味俱佳，从早春一直可以供应到夏秋，早春时尤为嫩美。宋代苏东坡作《春菜》诗曰："雪底菠棱如铁甲……霜叶露芽寒更苗。"对菠菜的耐寒特性颇为赞赏。莴苣，原产地是地中海沿岸，在我国唐代就有食用的记录，所以它的传入当不晚于唐代。以嫩荚供应的菜蔬，在我国主要有长豇豆（带豆）、扁豆、刀豆、菜豆（芸豆、豆角）等，除长豇豆为我国原产外，其余三种都是由国外传入的。

在古代，我国劳动人民还自行培育出了一些极为重要的蔬菜品种，如茭白和白菜等，至今还在食用。生茭白的植物本名"菰"，它是水生的，在秋天开黄花，结籽可碾米，叫"菰米"或"雕胡米"。菰米滑腻芳香，古人多用它合粟煮粥、蒸饭。它的产量一度相当大，曾被称为"九谷"之一。白菜原名

"菘"，我国汉代已有食用的记录，但汉代的菘和现代的白菜在品质上相差较远。至宋代，与今天品质差不多的白菜品种已培养成功，它结实、肥大、高产、耐寒。到了明代，白菜不仅品质良好，而且品种多样，时人曾把"黄芽白菜"誉为蔬中"神品"。

元明清时期，又有一批新品种增加到我国的菜谱中来。元代由波斯传来了原产于北欧的胡萝卜，明清时又传来了一些原产于美洲的蔬菜。辣椒在明朝传入我国后，在西南和西北地区得到了广泛的传播，一度成为最主要的香辛类蔬菜。西红柿最早称作"番柿"，仅供观赏，到19世纪中期才开始作为蔬菜进行栽培。由于西红柿柔软多汁，甘酸适度，既可熟食佐餐，又可生吃，所以在我国受到广泛的欢迎。

由此可见，古人当年吃的蔬菜和现今我们吃的蔬菜还是有一定变化的。首先，在历史的长河中，出于身体健康的需要，古人逐渐淘汰了一些不适合的蔬菜品种，提高了蔬菜的品质。同时，有选择性地从域外引进一些优良的蔬菜品种，并在长期的生产过程中逐渐本地化，使其完全适应华夏民族的饮食需求。这些都是中国饮食文化对民族繁衍发展的巨大贡献，是重要的文化遗产。

七、大豆与豆制品

我国是最早种植大豆的国家，也是最早利用大豆制成豆腐等豆制品的国家。大豆在我国古代被称为"菽"，在"五谷"中占有重要地位。但早期人们食用大豆时一般是要煮熟或炒熟后粒食，所以吃大豆时必须饮水或浆，这在我国先秦典籍中多有记录，"啜菽饮水""瓢食浆饮"等。在长期的饮食实践中，人们发现大豆粒食是不易于消化与吸收的，于是人们开始对大豆进行加工处理，发明了多种多样的豆制品。其中，最重要的豆制品就是豆腐。

豆腐的起源，可以追溯到汉代。两汉时，淮河流域的农民已使用石制水磨。

人们把米、豆用水浸泡后放入装有漏斗的水磨内，磨成糊状做成煎饼吃。或许是一个无法令后人知晓的原因或巧合，豆浆中掺入了盐卤浆水，豆腐由此诞生。关于豆腐的起源，民间最流行的说法是淮南王刘安在八公山炼丹时发明了豆腐。实际上，最合理的说法是，豆腐是人们在长期的生活积累中慢慢提炼出来的。由于豆浆自古以来就是淮河两岸及北方大豆生产地区农家的日常食物，农民在种豆、煮豆、磨豆、吃豆的过程中积累了各种经验。若豆浆长时间放置，就会变质凝结，人们从这一现象中得到启发，用原始的自淀法创制出了最早的豆腐。当然也不排除人们偶尔在豆浆中混入了卤水使之凝结成为豆腐的可能。

大豆，是指大豆科植物的种子，其种类较多。根据大豆的种皮颜色和粒形划分，常见的有黄豆、青豆、黑豆、红豆、绿豆、豌豆、小豆、豇豆等，还有一些专门供牲畜食用的饲料豆等。豆类中自古以来最重要的是黄豆和黑豆，由于这两种豆子含有丰富的植物蛋白质，人们就用来制作成各种豆制品。黑豆，古人也称"乌豆"，可以入药，也可以充饥，还可以做成豆豉、豆腐等。黄豆是制作豆腐和其他豆制品的主要原料，也可以榨油或做成豆瓣酱等。据研究资料表明，大豆在我国自古就有栽培，至今已有5000多年的种植史。世界各国栽培的大豆都是直接或间接由我国传播出去的。由于大豆的营养价值很高，被称为"豆中之王""田中之肉""绿色的牛乳"等，是数百种天然食物中最受营养学家推崇的食物。

我国传统豆制品种类很多。从宏观而言，豆制品主要分为两大类，即发酵制品和非发酵制品。发酵豆制品主要有豆豉、豆酱、豆乳腐、酱油、臭豆干、毛豆腐等。非发酵豆制品根据工艺而分，大体又可分八大类：豆腐类，如南豆腐、北豆腐；豆干类，如白豆腐干；卤制豆制品类，如香干、五香豆腐干；油炸豆制品，如豆腐泡、炸素虾；炸卤豆制品类，如熏干熏丝；干燥豆制品类，如腐竹；冷冻豆制品类，如冻豆腐等。

八、多彩的果品

在原始社会时期，男子负责狩猎，女子负责采集。采集的对象主要包括野生植物、野果。在长期采集野果的过程中，人们发现有些野果更适合人类食用，并开始想方设法保留这些野果的种子，有意识地进行早期水果栽培与种植。

我国古代早期的水果种类有很多，在发展的过程中有一些逐渐被淘汰，也有一些逐渐被发现或从西域、外国引进。《诗经》中记载的水果种类包括桃、甘棠、梅、唐棣、李、榛、桑葚、木瓜、木李、栗、杜、苌楚、郁、薁、枣、棠棣、枸、蒌等。有些品种在后来的发展中由于种种原因被淘汰，如唐棣、苌楚、郁、薁、蒌等；有些则不仅被人们保留了下来，而且还得到了很好的发展与开发，并培育出许多优秀的品种，如枣、桃、李、梨、梅、栗等。北魏最重要的农业全书——贾思勰的《齐民要术》中就记载了枣、桃、李、梨、梅、栗、奈、林檎、柿、安石榴、木瓜等10多种果树的栽培技术和水果储藏、加工的经验。

梨：是一种生长适应性较强的水果，在我国分布极广，河南、河北、山东、江苏、辽宁为重点产区。梨果呈球状卵形或近似球形，有梗一端稍细，而另一端则凹陷，果皮呈黄白色、褐色、青白色或暗绿色等，果肉近白色，其质地因品种不同而有差异，一般都坚硬脆嫩，味有酸、甜、淡之分，梨汁也有多少之别。如今梨的品种很多，全世界有30种左右，我国就有13种，主要有秋子梨、白梨、砂梨、西洋梨四大类。秋子梨主要产于我国东北部，著名的品种有京白梨、南果梨、苹果梨、香水梨等；白梨主要产辽宁南部、河北、山东、山西、新疆、陕西、甘肃及江苏北部，著名的品种有鸭梨、雪花梨、秋白梨、苤梨、长把梨、砀山梨等；砂梨主要产于华中、华东地区及长江流域等，著名品种有浙江的三花梨、四川的苍溪雪梨、江西的白枣梨、贵州大黄梨、河南的细瓢梨等；西洋梨主要产于山东烟台、威海及辽宁的大连，著

名的品种有巴梨、茄梨、三季梨等。

苹果：在我国已有 2000 多年的栽培历史。现有苹果品种 100 余种，其中商品量较大的有几十种。苹果是一种生长适应性很强的水果，由于品种及产地不同，可自夏季至秋季陆续上市。苹果是世界上的大宗水果，按原产地可分为西洋苹果和中国苹果两大类。西洋苹果原产于欧洲、中亚、西亚一带，果实汁多，脆嫩，酸甜可口，耐储存。中国苹果原产于我国新疆一带，果实色泽美，富有香气，但果肉松软，不耐储藏。苹果目前在我国广为栽培，主要有五大产区，即渤海湾产区，包括山东、辽宁、河北、北京、天津等地；中原暖地产区，主要包括江苏、安徽、湖北等地；西北高原产区，包括山西、陕西、甘肃、新疆、青海、宁夏等地；西南高地产区，包括四川、云南、贵州、西藏等地；北方寒地产区，主要包括吉林、黑龙江、内蒙古等地。其中，渤海湾产区是我国苹果的重要产区，产量占全国总产量的 80% 以上。

桃：又称"桃子"。从考古资料上看，桃是我国利用最早的果树之一。在距今 9000 ～ 8000 年的湖南临澧胡家屋场、7000 多年前的浙江河姆渡等新石器时代遗址都出土过桃核。不过，在当时桃还不属于栽培的果实。在河北藁城台西村曾出土距今 3000 多年的桃核则属人工栽培，说明我国是桃的原产地，而且栽培历史较久。我国桃的资源丰富，分布极广。桃的种类很多，现在世界各地栽培的桃种大都源于我国。按核与果肉的粘离度可分为粘核型和离核型；按果实肉质可分为溶质品种和非溶质品种；还可按其生态条件、用途和形态特征分为北方桃、南方桃、黄桃、蟠桃、油桃等。

水果及各类果品是人们饮食生活中最重要的食物来源之一，同时也是人们丰富多彩的饮食习俗中不可或缺的重要元素。许多水果、干果至今在人们的日常生活中、节日礼俗中、礼尚往来中充当重要角色。而且，许多果品，如梨、枣、桃、李、梅、栗、柿、石榴等已经成为人们生活中代表不同意义的吉祥物和吉祥符号。同样，在我们的节日家宴和各种用来款待客人的宴席中，水果是不可

或缺的重要食品。如传统宴席中的"四干果""四鲜果""四蜜饯"等都是果品食物，无论是从比例还是从宴席组合来讲，都占有重要的地位。由此，一直以来，丰富多彩的水果和各种水果制品都是中国传统饮食文化的重要组成部分。

九、禽蛋的食用

人类进入农业社会后，狩猎的重要性逐渐降低。人类对所驯养的动物也进行了人工选择，一些不宜饲养的动物逐渐被剔除出了畜牧生物之列，还有些动物因为肉用价值不高被剔除出了肉用动物之列，最终形成了"六畜"的基本格局。而在"六畜"中，属于禽类的只有鸡一种。于是，鸡作为古老的禽类代表，在中国传统的饮食文化中就具有了重要的意义。

鸡本身具有食用价值之外，古时候普通家庭用它充当祭祀的供品以及其他方面的礼俗食品。禽类之于饮食文化，还有一个重要意义是它们能够生蛋。禽蛋，也叫"禽卵"，如"鸡卵""鸭卵"等。又因为禽蛋是禽类繁殖后代的基础和因子，所以民间还把它们称为"子"，如"鸡子""鸭子"等。

从历史文献记载来看，古人食用禽蛋始于夏后氏时代。宋高承《事物纪原》载："夏后之世，民始食卵，凤凰乃去。此盖食卵之始也。"随后，类似的记载都有同样的观点，都认为这是华夏民族驯养家禽、食用禽蛋的渊源。明代王三聘《古今事物考》说："食卵，瑞应图曰，有虞氏驯百禽，夏后氏之世，民始食卵，凤凰乃去。"鸡是人类最早驯养的动物，在距今约5300年前的屈家岭文化遗址出土有陶鸡；距今4000多年的龙山文化时期遗址中发现了鸡的骨骼；我国最早的甲骨文中也有"鸡"字。这说明我们华夏民族饮食禽蛋的历史距今至少也有5000多年了。不过，当时人们是生食还是熟食没有资料可以证明，因而也就不得而知了。其实古人食用禽蛋的历史还要更久远。上古人类处于采集为食时期，偶尔采集或捡到各种禽蛋就地生而食之是很正常的事情，其时间已经无法考证。

夏商周时期，由于养殖业处于发展阶段，家禽类饲养水平不是很高，鸡蛋此时应该属于较为讲究的食物种类，因而成为普通百姓的祭祀食品。关于如何食用，典籍有"韭以卵，麦以鱼"的记载，当时人们是用韭菜与鸡蛋各自为食品配合食用，还是联合烹饪成菜肴食用，没有史料可资证明。老百姓用鸡蛋来行祭祀之事，而贵族则把它进行精致的加工后再食用。《管子·奢靡》有"雕卵然后瀹之，雕橑然后爨之"的记载，就是先在鸡蛋壳上雕刻花纹，然后再煮熟，这样的饮食奢侈行为发生在春秋时期经济发达的齐国。汉代以后，由于家庭养殖发达，人们食用禽蛋的机会越来越多，食用方法也多种多样。隋唐以后，食用鸡蛋和用鸡蛋制作菜肴的技术逐渐被推广，史料记录也多了起来。传统中医养生学认为："卵白象天，其气清，其性微寒；卵黄象地，其气浑，其性温；卵则兼黄白而用之，其性平。精不足者，补之以气，故卵白能清气，治伏热、目赤、咽痛诸疾；形不足者补之以味，故卵黄能补血，治下痢、胎产诸疾；卵则兼理气血，故治上列诸疾也。"①这些都是人们对鸡蛋饮食养生功能与食疗效果的经验总结。

鸡蛋在我国传统的饮食民俗中应用广泛。首先，鸡蛋，民间又叫"鸡子"。鸡有旺盛的繁殖能力，一只鸡一年可以生许多的鸡蛋。中国人一向希望多子多福，所以民间用鸡蛋作为生育习俗中必需的馈赠礼物由来已久。至今许多地方民间还有喜家生育后用染红的鸡蛋向亲朋好友传递生育信息的习俗。旧时，如果家里有病弱的老人或病人，亲朋好友探望时也必须带上几斤鸡蛋作为礼物，以示对老人的敬意和对病人的慰问。在传统的婚娶活动中，鸡蛋也是常见的吉祥食品。

十、调料、香料

我国传统饮食文化认为，完备的"饮食之道"至少需要具备三个基本条件：

---

① （明）李时珍：《本草纲目》卷四八，人民卫生出版社 1982 年版，第 2606 页。

火、食材和工具。中国的烹饪技艺，从古至今，由宫廷到民间，都有一个共同的审美要素，就是讲究美味可口。好吃的菜肴、食馔是离不开调味料的，而传统中国饮食文化的特色之一就是具有丰富多样的调味料。从专业角度看，调味料一般包括调味、调香、调色以及影响食馔质感一类的烹饪原料。我国在几千年的发展积累中，用于日常饮食生活中的调味料品种繁多，各具特色。常见的调料品与香料有盐、醋、酱品、豆豉、黄酒等。

食盐，在人类文明演进中有着过特殊的功绩。中国食盐的发现与利用的历史古老而悠久，可上溯至原始氏族社会时期和传说中的三皇五帝时期。食盐的起源和使用年代目前还没有定论，但最早始于东部沿海地区的可能性较大。《尚书·禹贡》说："海岱惟青州……厥贡盐绨，还物惟错。"原始社会后期，大禹定九州，青州为九州之一，是被记录最早产盐的地方。也有人认为，我国食用盐的历史早在黄帝时代就开始了，所以史料有"古者，宿沙氏初作煮海盐"的记录。郭正忠称："中国古代盐业史的开端，可以追溯到'夙沙氏初煮海盐'的遥远年代。"[1]据考古学者研究表明，宿沙氏可能是黄河下游至山东半岛一个部落的首领，古籍中有称他是炎帝即神农氏的"诸侯"，有称他是黄帝的臣子，具体年代很难断定。"宿沙氏初煮海盐"的记载看来是可信的。但他只是煮海水为盐的创始者，而并非中国盐最早的发现和利用者。与"宿沙氏初煮海盐"差不多同时期的是中国西北部的露天矿盐，史称"大夏之盐"。自古咸味就有"百味之主"之称。据说，当年黄帝和炎帝曾经为了争夺"大夏之盐"而"逐鹿中原"。盐为烹调要品，民不可一日无盐，故为历代政府严加管理。近代以来更为重要的工业原料。可见盐之重要。总之，中国用盐的历史源远流长，为中华民族的健康繁衍和饮食文化的发达奠定了物质基础。

醋是饮食烹调中最主要的酸味调味品之一，它不仅能起到刺激胃口、增加

---

[1] 郭正忠主编：《中国盐业史》（古代编），人民出版社 1997 年版，第 2 页。

食欲的作用，而且还可去腥解腻，提味爽口。醋还是构成多种复合口味的调味品，如糖醋味型、鱼香味型、酸辣味型、咸酸味型等。醋有抑制及杀灭细菌的作用，在菜肴烹制过程中适量加醋还能起到减小维生素 C 损失的作用。醋不耐高温，高温下易挥发，在制作菜肴过程中利用这一特点，把握好时机适时加醋，会使菜肴具有醋香味浓，但酸味又不大的效果。醋还可作为某些菜点的蘸料，如水饺、蒸包、清蒸鱼、清蒸大闸蟹等菜点，使其有特殊风味。

醋的酿造历史在我国至少可以追溯到三四千年以前。醋是较晚才出现的名字，古代有"醯""酢"等多种名称。醯，在春秋战国时期较为流行，可以说是醋的前身。据记载，周王室时专门设置有醯人，负责制作醋。酢，在两汉至隋朝的古籍中多出现，是醋的别名。东汉史料中有简单介绍"酢"的制造方法。北魏贾思勰《齐民要术》记录了 20 多种酿造醋的方法，所用原料包括大麦、小麦、高粱、粟米、大豆、小豆、秫米、糯米、粟糠、谷糠、麸皮等 10 多种。这说明在魏晋南北朝时期，酿醋就进入了"制曲酿醋"的技术发展阶段，还表明此时古人已学会了使用不同谷物发霉成曲，然后用它来使更多的谷物糖化、酒化、醋化，这是我国祖先的重大发明。汉代以后，醋渐渐成为人们日常生活常用的调料，所以才有了后来的"早起开门七件事，柴米油盐酱醋茶"的诗句，而且成了妇孺皆知的俗语。

在我国，将咸味和鲜味融合的调味品当属酱品。酱的种类有很多，而且制作历史久远。早在先秦时期，周天子的厨房里竟拥有 120 瓮不同口味的酱品。孔子当年也有"不得其酱不食"的饮食之训，可见酱在中国饮食文化中的地位。汉魏以后，中国开始有了用大豆发酵制作的豆酱、面酱。除此之外，还有其他各种各样的酱品，如肉酱、虾酱、蟹酱、果酱等。酱品是重要的调味料，用于烹制菜肴、制作酱菜，而且酱还有一定的消毒灭菌的效果，生食蔬菜蘸食发酵酱品最为安全可靠。所以，酱自古以来就是中国饮食文化中不可或缺的重要角色。

在我国传统的调味品中，豆豉是一种历史久远的特别制品。有学者认为，豆豉的制作和应用早在春秋时已经非常流行，而且在我国的南北方均有制作，北方以齐鲁地区制作最有名。唐人虞世南编撰《北堂书钞》引古艳歌有"白盐海东来，美豉出鲁门"①之句，《后汉书》有"羊续为南阳太守，盐豉共壶"②的说法。山东兖州石厚堂存有汉代盛装盐豉的陶器一件就是最好的证明。（见图2-6）实际上，豆豉的酿造迟至秦朝就开始了。关于豆豉的制作技术，《齐民要术》有详细的记录介绍。

1. 陶壶正面文字　　　　2. 陶壶立体图

图2-6　汉代"齐盐鲁豉"陶壶（山东济宁石厚堂藏）

在我国古代，山东地区生产的海盐、豆豉很有名气，而且质量上乘，使用覆盖面较广。陕西西安博物馆则存有一件铁制的"盐豉壶"，壶的正面也有"齐盐鲁豉"的刻字（见图2-7）。

甜味的调味品主要是糖，但在我国历史上应用最早的甜味调味品是蜂蜜。蜂蜜是先民们通过采集而来的，后来人们又发现了石蜜，即冰糖。这两种甜味

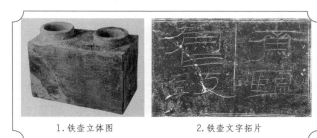

1. 铁壶立体图　　　　2. 铁壶文字拓片

图2-7　唐代"齐盐鲁豉"铁壶（陕西西安博物馆藏）

---

① （明）张溥辑：《汉魏六朝百三家集》，吉林出版集团有限责任公司2005年版，第154页。
② 《太平御览》卷八五五"豉"部引谢承《后汉书》。

调味品都是天然出产的。真正由人们发明的甜味调味品应该是饴糖。自西周创制饴糖以来，民间广泛食用。西周之后的史书中大都有饴糖食用、制作的记载。其中，《齐民要术》记载最为详细。而今天的结晶糖大概是唐宋时期从印度等地传入我国的。

黄酒是我国古代最主要的香味调味品之一。黄酒，又称"绍酒""南酒""料酒"等，它既可作为酒饮，又可用作调味品，是中国的特产酒，也是世界上最古老的酒种之一。黄酒在烹调中应用广泛。因为黄酒中的酒精能将具有腥臊异味的三甲胺、氨基戊酸等物质溶解，所以具有去腥的作用。黄酒中含有丰富的氨基酸，若与食盐结合可生成氨基酸钠盐，使菜肴滋味更鲜美；若与糖结合可生成芳香醛。另外，醋类醇类与黄酒原料中的有机酸可生成有香气的醋，使菜肴更美味。

在中国饮食烹饪中，人们使用最多的香味调味品是植物香料。一般来说，我国的植物调味香料常见的有花椒、麻椒、大料、胡椒、干辣椒、桂皮等。此外还有陈皮或山楂、丁香、豆蔻、山柰、良姜、小茴香、白芷、砂仁、香叶、甘草、木香、草果等十几种。这些香料有的气味浓烈，可用以去除膻气，增加鲜味，使肉质更加细嫩；有的气味淡雅而清香，既可除腥气，又可使肉质酥嫩相宜、香气横溢等。

第三章
传统烹饪的
美食品类

　　中华民族在与大自然的长期和谐相处的过程中，不断地发现和丰富了食物种类，逐渐总结出了许多关于饮食的经验，并形成了中华民族传统的饮食观念。在这些传统观念的影响下，人们不断创造发明了种类繁多的烹饪技法，由此形成了丰富多彩的饮食品类。中国传统的饮食思想和饮食观念的形成，主要源于人们对大自然的感知，且由此诞生出了以与自然和谐相处为原则的饮食理念，包括"五谷为养""天人合一""饮食养生""阴阳平衡"等多方面的内容。我国传统的烹饪技法是在人们不断进行经验总结的基础上逐渐完成的，如传统的炙法、脍法与羹食等。

　　夏、商、周三代以后，随着历史的进步和经济的发展，我国传统的"南米北面"的地域饮食文化逐渐展现出来，特别是北方以粉食文化为背景的人们创造出了丰富多彩的面食品种和繁复多样的制作加工方法，形成了独具特色的面食文化。而随着宴饮酒席的日益发达，以审美为主要特色的凉菜制作、宴席特色食品，包括面食、点心在内的饮食品类越来越流行起来，由此发展成为中国传统饮食文化的特征。

一、传统饮食观

　　我国农业经济发达，人们很早就认识到谷物食材对维持生命成长、健康的重要作用。先民们总结出了以粮食作物为主食、以蔬果肉为副食的饮食观念，为中华民族的繁荣昌盛奠定了合理饮食的理论基础。我国发展到商周时期，食物原料以种植、养殖为主，并在长期的饮食经验积累中，形成了早期的饮食思想，被汉代医学典籍总结为"五谷为养，五果为助，五畜为益，五菜为充"①的饮食观。其意为，人们的饮食要以五谷杂粮为主，即"主食"，而其他如肉、禽、蛋等动

---

① 《黄帝内经素问》，卫生出版社1963年版，第149页。

物食材以及水果、蔬菜等与粮食作物比较起来，都应算为"副食"。这就是我们今天所说的"养、益、助、充"的传统膳食结构。

"五谷为养，五畜为益，五果为助，五菜为充"的饮食观，是指导我们建立科学合理的饮食结构的基本理论。从宏观角度来看，中国传统的饮食观念还有更深层次的认识与总结，包括"天人相应""饮食养生""五味调和""阴阳平衡""五味调和"等。而"五谷为养，五畜为益，五果为助，五菜为充"的实际应用，必须在与这些深层次饮食观念相结合的情况下，才能够发挥其应有的作用。

我国传统饮食思想认为，人体的饮食健康与人们所处的环境密切相关，不同气候、不同季节、不同地域会对人体产生不同的微妙影响。因此，人们的饮食烹饪必须要与自然环境相和谐。具体而言，人们以适应自然环境为原则，做到顺应四季，平衡阴阳，使人与自然相适应，以达到"天人合一"的境界。孔子曾说"不时不食"，意思就是饮食要顺应季节变化。在中国传统的饮食思想里面，饮食不仅是维持人类生存的基础，而且还是养生祛病的重要途径，因而"饮食养生""食治食疗"的观念也就深入人心。周代，在为天子服务的职务中，已有"食医"一职。古人治病的原则也是以"食疗食治"为先，无效后再施药治疗，施药无效后再进行手术。至今人们对传统的"饮食养生"理念传承不殆，尤其是在饮食水平日益提高的今天，人们出于身体健康的需要，对饮食养生的应用越来越重视，并深信不疑。

我国传统的食品制作与菜肴烹饪十分讲究"五味调和"，实际上这不仅是烹饪调味的基本原则，而且也是出于饮食养生、饮食平衡、饮食健康的需要。因为，中国传统饮食观念认为，食物的五味与人体的五脏有着密切的关系，五味与季节也有着不可忽视的联系。

现代饮食许多已经偏离了传统的饮食养生观念，只追求味道的刺激，甚至是强刺激。比如有的过于嗜好某种味道，有的不分季节性的味道调和，咸淡不分，麻、辣、酸、甜杂乱无章，满足于一时的口腹之欲，于是导致某些现代疾病的发生。

二、炙 法

我国传统而又古老的烹饪方法有很多，如烧、烤、炮、燔、炙等。其中，"炙法"是颇具代表性且影响久远的一种。

一般来说，所谓烤就是把食物放在火焰附近，利用火的辐射热把食物加热成熟。而炙则是用工具把食物串起来放在火焰中直接加热使其成熟。炙又不同于烧。烧是直接把食物放在燃料中或燃料上面加热成熟。《礼记·礼运》："以炮以燔。"郑玄注曰："炮，裹烧之也。燔，加于火上也。炙，贯于火上也。"所谓贯，就是穿成串的意思。总之，炙法、烧法、燔法和烤法既有相似之处又有区别。在这些古老原始的烹饪方法中，古人对炙法制作的食品向来是比较重视的。

本来，炙法、烧法、燔法和烤法都是古代烧烤肉食的一些常用方法，但后来炮、烧、燔等几乎都被逐渐淘汰，唯有炙法得到了广泛的应用和长足的发展。由于炙肉食时需要用一定的特殊材料，如竹、木及金属制作的长条工具，把食物串起来，而加工成熟的食物不需要用手直接接触食物就可以食用，在古代人看来这是一种饮食文明的进步和发展。这是其一。用工具穿起来的食物在烹饪时一头是可以供加工人员拿捏的，不需要用手接触食物，便于操作。这是其二。可以炙的食物范围逐渐扩大。北魏贾思勰在《齐民要术》"炙法"中记载的菜肴就有 22 种之多，包括炙豚法、捧炙、腩炙、肝炙、牛胘炙、灌肠法、膊炙独法、捣炙法、衔炙、作饼炙法、酿炙白鱼法、饼炙、范炙、炙蛎、炙车熬、炙蚶、炙鱼等。今天"烤乳猪"技法就是对"炙豚法"的沿承和发展。《齐民要术》中记录北魏"炙豚"的特点时说："色同琥珀，又类真金。入口则消，状若凌雪，含浆膏润，特异凡常也。"[1]如此美味隽永的肉食肴馔能够赢得人们的喜欢则是自然而然的事。

---

① （后魏）贾思勰撰，缪启愉校释：《齐民要术校释》，第 494 页。

这应该是炙法能够长期被烹饪技艺传承的主要原因。可以说，应用炙法制作的菜肴几乎无所不有，既有大块原料的炙，片、条型原料的炙，用模具加工成型的炙，也有把泥茸调成馅料做成饼型的炙，等等。这充分展示了我国运用传统炙法制作菜肴、食品的丰富多样。（见图3-1、图3-2）

图 3-1 汉代烤肉（湖南长沙马王堆汉墓出土）

图 3-2 汉代烤肉串（湖南长沙马王堆汉墓出土）

炙法传承至今，在技术处理和烤炙的工具应用方面已经有了较大的改进和提升，今天许多著名的菜肴都是来自于烤炙烹饪方法而成的。如声名远播的北京烤鸭，粤菜中的烤乳猪，江苏的烤方，鲁菜中的双烤肉与章丘烤肉，川菜的烤酥方以及新疆的烤全羊等。流行在民间市场、小吃摊点上的烤羊肉串和各色串烤不仅仍然保留着传统炙法的加工特色，而且成为展示中国烹饪独特风格和饮食文化特色的典范和代表。

三、脍 品

"脍炙人口"这一成语在我国几乎无人不知，其中的"脍""炙"是我国传统烹饪技法中流传久远、技艺鲜明的两种烹饪方法。前面已经介绍了炙法，而传统的"脍法"对前人的饮食生活有重要的影响。

有人认为，流行于日本的"刺身"，即生鱼片，就是传承了我国古代的"脍法"，而我们中国人今天已经很少有人吃生的肉食了。

那么，究竟什么是"脍"呢？根据古人的资料记录和研究者的解释，脍的制作方式大约有两个特点：一是细切的肉为脍；二是生肉为脍。综合起来，古代的"脍"就是把生肉切成细的肉丝或者肉片。因为吃脍时必须要有讲究的调味料佐蘸调味，因此古人有"金虀玉脍""鱼脍芥酱"之说。生食是人类在没有火食的原始时期的一种饮食方式，而"脍"正是这种饮食方式的沿承。传统脍的种类有很多，几乎所有的动物食材都可以加工为脍，如鱼脍、牛脍、羊脍、鹿脍等。

脍的饮食历史非常久远，虽然它是从人类的生食时代沿袭下来的饮食方式，但作为传统的烹饪技艺之一，与远古的"饮毛茹血"有着本质上的区别。脍在我国2000多年前的周朝就已成为食品的重要加工方式，其中主要用以祭祀和宴饮。如《礼记·内则》就有"大夫燕会，有脍无脯，有脯无脍"的记载，当时脍已成为官制礼仪的士大夫阶层宴席上的佳肴。

从秦汉到唐宋，我国烹饪技艺得到了飞速发展，脍的制作方式也发生了许多变化，由生食发展到熟食，由鲜食发展到干脍，其制作方法和脍品种类日益增多。在唐代就有"鲫鱼脍"，即用大块鲫鱼加盐和其他调味料腌渍而成的佳品，也有把大鱼制作成为干脍的记录等。在宋代，脍的种类更是不胜枚举，常见的有细抹生羊脍、二色脍、香螺脍、海鲜脍、鲈鱼脍、鲤鱼脍、鲫鱼脍、群鲜脍、蹄脍、白蚶子脍、淡菜脍、五辣醋羊生脍等10多种。脍的制作技艺在明清以后逐渐淡出了传统的饮食菜谱，宴席中也几乎没有了脍的踪影。到晚清时，脍在我们的餐桌上基本销声匿迹了。

古代的脍肴制作，也称为"砍脍"，是衡量一个合格厨师的必要技艺。因为脍是生食的菜肴，所以对于食材的质量和刀工要求都非常高。古人认为，鱼脍最好的食材是鲫鱼、鳊鱼和鲂鱼，其次是鲈鱼，其他的鱼用得很少。魏晋南北

朝时，南方人视鲈鱼脍为佳肴。曾有一个叫张翰的南方人在北方做官，到了秋风四起的时候竟想起了自己老家的鲈鱼脍，最后耐不住鲈鱼脍的诱惑而辞官回家。在制作鱼脍时，厨师只有刀工精湛，才能把鱼肉切的细而均匀。唐人段成式《酉阳杂俎》："南孝廉者，善斫鲙，壳薄丝缕，轻可吹起，操刀响捷，若合节奏。"[1]可以说，刀工技艺达到了登峰造极的境界。

四、羹 食

羹，在我国有着悠久的历史，是一种传统的饮食品类。据史料记载，黄帝时代就已能制作羹，但正式出现"羹"的名字还是后来的事。

一般来说，羹是用肉、菜煮成的浓汁，是古人的常食。周代以前，羹是一种不加五味的肉汤。后来随着烹饪技术的进步，做羹的技艺也逐渐复杂起来，至少在周代已有"五味和羹"的说法。到了春秋战国时期，羹的范围逐渐扩大，人们把煮熟带汁的蔬菜也称作"羹"。所以，羹在那时就成为从贵族到平民百姓都常见常食的食品。《礼记·内则》载："羹食，自诸侯以下至于庶人，无等。"作为一种大众化的食馔，羹历来为人们所看重。如《礼记·内则》记载古人食菰米饭时，就配以雉羹，即用野鸡制作的羹；吃麦饭时，最宜配以脯羹、鸡羹，即用肉脯或鸡肉制作的羹；吃碎稻米饭时，就应该配以犬羹或兔羹，即用狗肉或兔肉制作的羹。但对于穷人来说，没有肉羹可食，只能吃菜羹。菜羹也有许多种，常见有藜羹、芹羹、葵羹、豆羹、藿羹等。据《韩诗外传》卷七载，当年孔子和弟子被困于陈、蔡之间的郊野，七天七夜没有粮食可以做饭，只能食藜羹。后代学子常以食藜羹为志，借以表现自己的节俭和高雅的品格。

在我国古代，羹食活跃于社会生活的各种场合。传说尧去世以后，他的接

---

① （唐）段成式撰，方南生点校：《酉阳杂俎》，中华书局1981年版，第51页。

班人舜日夜思念，3年之中"坐则见尧于墙，食则见尧于羹"。后人就用"羹墙之思"表示对前辈的追怀或对圣贤的仰慕。《世说新语·文学》载："文帝尝令东阿王七步中作诗，不成者行大法。应声便为诗：'煮豆持作羹，漉豉以为汁。其在釜下燃，豆在釜中泣。本是同根生，相煎何太急。'帝深有惭色。"[1]后人以"煮豆燃萁"比喻亲兄弟之间的自相残害。

老子曾说"治大国，若烹小鲜"，但他并不是最早把国事与烹饪联系在一起的人。史料记载，商代的伊尹就是背着饭锅、砧板来见成汤，以谈论割烹之道的机会向成汤进言，劝说他实行王道，并最终得到了成汤的信任，被任命为相，协助汤王建立了商朝。在古代，人们往往亲自动手调羹，并送到对方面前，以表达对对方的敬意。唐代诗人王建有"三日入厨房，洗手作羹汤"的诗句，说的是新婚3日后，新娘子要做的第一件事就是为婆婆做羹汤。古代有些帝王也以这种方式赏赐大臣，以示对臣下的赏识。据说唐玄宗召见李白时，就曾经亲手为李白调制羹汤，被后人传为佳话。

五、八　珍

在我国传统的饮食烹饪范围内，"八珍"是指8种珍贵食品或原料。

"八珍"一语起源于周代。《周礼·天官·冢宰》载："凡王之馈，食用六谷，膳用六牲，饮用六清，羞用百有二十品，珍用八物……"据汉代郑玄考证，周代八珍分别为淳熬、淳母、炮豚、炮牂、捣珍、渍、熬、肝膋。也就是说，这八种美食菜肴是当年周代天子食用的美味珍品。

周代"八珍"尽管相当精美，但随着历史的变迁和生产的发展，到了后世便逐渐发生了变化。首先，"八珍"并非具体指8种珍贵的食物，而是成为珍贵

---

[1] 熊四智主编：《中国饮食诗文大典》，青岛出版社1995年版，第54页。

食品的代名词；其次，"八珍"逐渐由 8 种美味珍贵的菜肴发展为 8 种珍贵的食材，也就是我们平常所说的食品原料。到了元代，在史料中开始出现了两种不同的"八珍"记录：一种叫作"迤北八珍"。"所谓八珍，则醍醐、麆沆、野驼蹄、鹿唇、驼乳麋、天鹅炙、紫玉浆、玄玉浆也"。①其中"醍醐"被认为是一种精制的奶酪；"麆沆"，有人认为是马奶酒，也有人认为是獐子肉；"野驼蹄"是指野生骆驼的前蹄掌；"鹿唇"为麋鹿的下巴软骨组织和胶质蛋白丰厚的部位；"驼乳麋"应是用骆驼奶熬煮的米粥；"天鹅炙"类似今天的烤天鹅；"紫玉浆"，有人认为可能是紫羊的奶汁；"玄玉浆"一般认为是蒙古族吃的马奶子。另一种"八珍"包括"龙肝、凤髓、豹胎、鲤尾、鹗炙、猩唇、熊掌、酥酪蝉"。很明显，这些被称为"八珍"的食品，其中有的并非是人们食用的食品，有被虚化的意味，加上其中多数为北方少数民族地区的产品，因此不具有普遍价值。到了清代，史料中关于"八珍"的记录就多了起来，"八珍"的范围也在不断扩大，以至于出现了不同食材属性的"八珍"，如"禽八珍""海八珍""山八珍""草八珍"。近代以来，又有了"上八珍""中八珍""下八珍"的说法。由于地域不同，"八珍"的具体内容也有所不同。如：

北京"上八珍"包括猩唇、燕窝、驼峰、熊掌、猴头（菌）、豹胎、鹿筋、蛤士蟆。

山东"上八珍"包括猩唇、燕窝、驼峰、熊掌、猴头（菌）、凫脯（野鸭胸脯肉）、鹿筋、黄唇胶。

北京"中八珍"包括鱼翅、广肚（广东产的鳘鱼肚，即鳘鱼鳔）、鱼骨、龙鱼肠、大乌参、鲥鱼、鲍鱼、干贝。

山东"中八珍"包括鱼翅、广肚、鲥鱼、银耳、果子狸、蛤士蟆、鱼唇、

---

① （元）陶宗仪著，武克忠、尹贵友校点：《南村辍耕录》卷九《续演雅发挥》，齐鲁书社 2007 年版，第 117 页。

裙边。

北京"下八珍"包括川竹笋、乌鱼蛋（墨鱼卵）、银耳、大口蘑、猴头（菌）、裙边、鱼唇、果子狸。

山东"下八珍"包括川竹笋、海参、龙须菜、大口蘑、乌鱼蛋、赤鳞鱼、干贝、蛎黄。

我国古代的"八珍"之属从来就不是一成不变的，而是随着生产的发展和时代的变迁不断发生变化并逐渐完善。由于地域物产的不同和饮食烹饪认识的差异性，人们对于"八珍"食物的认同也有较大的区别。其实，这正是中国饮食文化和饮食风味流派丰富多样的原因所在，同时这也在一定程度上说明传统中国饮食文化的博大精深与深厚的历史底蕴。

六、面 食

我们今天所说的面食，一般是指以我国北方广大地区在饮食习俗上形成的以各种谷物面粉为基础制作的主副食品种，如面条、水饺、馒头、包子、馄饨等。但在我国早期历史上，面食制品长期被称为"饼"食，至少在唐朝以前，人们将除面糊以外的所有面食品种统称为"饼"。可以粗略地认为，中国的饼食文化起源于三代，形成于汉代，盛于魏晋南北朝，臻于唐朝，唐朝以后开始称之为"面食"，并出现了面食品类的分化，如包子、馒头、面条、饺子等。沿承至今，面食品种日趋臻美。

饺子是典型的面食品类之一，与我们传统节日文化密切相关。饺子是用面皮包裹各种馅料于其中，具有皮薄馅多、形状小巧玲珑的特点，无论蒸、煮、煎都非常美味。相传，东汉名医张仲景医术高明、道德高尚，本在长沙一带为官，告老还乡后，发现家乡有很多穷苦人家挨饿受冻，耳朵都冻烂了，他忧心忡忡，寝食难安。于是，他便叮嘱弟子们在南阳东关的一块空地上搭起棚子，架上大锅，从冬至起免费为这

些耳朵被冻烂的病人舍药治伤。这种治伤所用的药名为"祛寒娇耳汤"，是将羊肉、花椒和一些祛寒药材置入锅中熬煮，之后再把这些东西捞出来切碎，并用面皮包成耳朵状的"娇耳"，下锅煮熟后连着汤汁装至碗内，分给病人服用。由于都是暖身的食材，病人食用后浑身发热，血液畅通，身子暖了，冻烂的耳朵自然也就康复了。这个舍药汤的活动从冬至持续到大年三十。为了纪念张仲景这个义举，人们就仿制"娇耳"的样子做成食物，在初一早上吃，后人称这种食物为"饺耳""饺子"。后来这个传说慢慢被人淡忘，饺子的含义不仅被改成"元宝"等有吉祥意味的食品，而且成为大年三十辞旧迎新的必需食品，也由此成为面食的代表。①

馄饨也是典型的传统面食品类之一，食用范围十分广泛。馄饨在我国不同地区有不同的名称：北方大多数地区如北京、山东等地将其叫作"馄饨"，四川叫"抄手"，广东则称为"云吞"。

关于馄饨的由来有不同的说法。传说在春秋时期，某年冬至时，吴王夫差嫌筵席的肉食太过油腻。西施就略动巧思，用薄面皮包入少许肉馅，下滚水氽烫之后随即捞起，倒入汤汁，请夫差品尝。夫差尝后赞不绝口，遂问西施为何物。西施信口答道："混沌。""混沌"与"馄饨"读音相同，这一道美食就被命名为"馄饨"，并传至民间。由于是西施在冬至时创造的食品，因此后人也多在冬至日食用，以至于后来成了冬至必吃的传统美食。

另一种说法是，相传汉朝时，边疆常受北方匈奴的骚扰，民不聊生。当时匈奴有浑氏和屯氏两个首领，异常凶残。中原百姓对他们恨之入骨，就将肉馅包成角儿，取"浑"与"屯"两个音，称为"馄饨"，以祈求战乱平息，过上安稳的日子。因最初制成馄饨是在冬至日，后来家家户户便在冬至这一天吃馄饨。

馒头可谓是传遍大江南北、最具代表性的面食。馒头，又称为"馍""馍馍""蒸馍""面头""窝头""炊饼"等，是以一种或数种面粉为主料，除发酵剂外一般

---

① 参见赵建民：《中国人的美食——饺子》，山东教育出版社1999年版，第23页。

少量或不添加其他辅料，经过和面、发酵和蒸制等工艺加工而成的食品。馒头是中国北方小麦生产地区人们的主要食物；在南方也颇受欢迎，一般用来当早点。最初，馒头是带馅的，而"白面馒头"或者"实心馒头"是不带馅的。后来随着历史的发展和民族的融合，在北方称无馅的为"馒头"，有馅的为"包子"。传说，当年诸葛亮七擒孟获、平定南蛮返程过江时，受到在此战死官兵冤魂的阻挠，顿时江面上雾气缭绕，战船不能前行。诸葛亮面对此景心急如焚，想来想去只好祭奠河神，求神降福惩魔，保佑生灵。按照当地的习俗，祭祀河神需要用人头投入河中，而诸葛亮不忍用人头祭祀，就发明了用面团做成人头形状的食品，蒸熟后投入河中，后来人们将此称作"馒头"。从此以后，民间也用这种方法进行各种祭祀活动，相沿成习。这在宋人承高编撰的《事物纪原》卷九《酒醴饮食·馒头》中有载："诸葛武侯之征孟获，人曰蛮地多邪术，须祷于神，假阴

图 3-3　揉面图（河北宣化辽墓壁画）

兵以助之。然蛮俗必杀人，以其首祭之，神则助之，为出兵也。武侯不从，因杂用羊豕之肉，而包之以面，像人头以祠，神亦助焉，而为出兵。后人由此为馒头。"（见图 3-3）

　　唐代以后，馒头的形态变小，有称作"玉柱""灌浆"的。宋时把有馅的饼叫作"馒头"。宋代馒头花色繁多，以馅而论，见诸文献的就有糖肉馒头、羊肉馒头、鱼肉馒头、蟹肉馒头等。其中，最著名的是太学生才可享用的"太学馒头"，南宋京城临安的市场上都打出了"太学馒头"的招牌。

　　面食中，还有一种被人们直接称为"面"的食品，就是人们常吃的面条。在我国，面条制品花样众多，有资深的美食专家将各地各式面条进行整理，总

结出中国五大面条制品，分别是山西刀削面、四川担担面、北京炸酱面、湖北热干面、山东伊府面。

山西刀削面：流行于北方，它是把面粉和成团块状，左手举面团，右手拿弧形刀，厨师将面团一片一片地削到开水锅内，煮熟后捞出，加入臊子、调料食用。山西刀削面因风味独特而驰名中外。刀削面全凭刀削，因此得名。用刀削出的面叶，中厚边薄，棱锋分明，形似柳叶，入口外滑内筋，软而不粘，深受美食爱好者的欢迎。

北京炸酱面：流行于北京等地，由菜码、炸酱拌面条而成。将黄瓜、香椿、豆芽、青豆、黄豆切好或煮好，做成菜码备用；然后做炸酱，将肉丁及葱、姜等放在油里炒，再加入黄豆制作的黄酱或甜面酱炸炒，即成炸酱。面条煮熟后，捞出，将水沥干，浇上炸酱，拌以菜码，即成炸酱面。也有把面条捞出后用凉水浸洗，沥干后再加炸酱、菜码的，称"过凉面"。

山东伊府面：又叫"伊面"。相传300多年前，厨师在忙乱中误将煮熟的蛋面放入沸油中，捞起后只好用上汤泡过才端上席，谁知竟赢得宾主齐声叫好。伊面是将鸡蛋面条先煮熟再油炸，便于贮存，其面色泽金黄，可加不同配料，被人称赞为"世界上最早的速食面"。伊面的营养因为加入鸡蛋而大大提高，但烹调时的油炸也损失了不少营养素。

四川担担面：早在1841年的四川自贡，担担面就深得百姓喜爱。因为这种小吃是在一副挑在肩上的担担上完成了整个制作与叫卖过程，所以得名"担担面"。担担面的调料格外丰富，有猪油、麻油、芝麻酱、蒜泥、红油辣椒、花椒面、醋、芽菜、味精等10多种。然而，担担面的菜码往往较少，含油量普遍较多。

湖北热干面：热干面需要经过水煮、过冷和过油等工序，再淋上用芝麻酱、香油、香醋、辣椒油等调料做成的酱汁，面条爽滑筋道，酱汁香浓味美，让人食欲大增。热干面的优点在于芝麻酱，但其热量较高，同时菜码种类单一，量也不够。

七、冷　菜

　　中国的烹饪技艺和饮食文化集中体现在传统的宴席中。中国传统的宴席，仅就菜品组合来说，是非常讲究的，一般有四干果、四鲜果、四蜜饯、四点心组成的押桌食品，有四大件和最少八个到多至几十个不等的行件菜肴用来佐酒，还有造型优雅、寓意吉祥、绚丽多彩的凉菜菜肴等，不一而足。在一桌讲究的传统宴席中，冷菜是必不可少的一部分。

　　冷菜，也叫"凉菜""冷盘""花色拼盘"等，是中国烹饪、饮食文化中一项重要的内容，是勤劳的中国人民在长期实践中总结出来的菜肴制作技艺，也是劳动人民智慧的结晶。中国凉菜制作工艺历史悠久，它不但推动着中国烹饪文化的发展，还在世界烹饪文化的发展进程中起着举足轻重的作用。（见图3-4）

图3-4　孔府宴凉菜一组

　　有学者认为，中国宴席中造型优美的凉菜制作技艺，尤其是典型的伴有拼摆、食品雕刻、组装技艺的冷盘制作具有悠久的制作历史，其起源于古人的祭祀活动。在古代，人们将这些隆重的祭祀食品称为"钉"，用以取悦神灵，求得它们的护佑。但也有学者认为，中国凉菜制作技艺始于先秦时期。在那时，人类社会中出现了剩余食物，也需要进行商品交换。为了使交换食物美观好看，人们就开始对部分食物进行加工处理，将剩余的可食原料加工成便于储存或可以进行商品交换的食物，人类社会由此逐渐出现了食品加工业和经营业。

　　随着历史的进步与发展，人们逐渐把这项传统的烹饪项目发展成为宴席中的冷菜制作技艺。中国的凉菜制作工艺在烹调技术中独树一帜，其丰富多彩的

图3-5 唐·王维《辋川图》（局部）

菜品常被美食爱好者津津乐道。据史料记载，唐宋年间，冷盘制作技艺已经相当精美。五代时，有一位名叫焚正的尼姑，运用精致的刀工处理各色肉食品，并拼摆出了"辋川图小样"。而这幅"辋川图小样"① 则是焚正按照唐代大诗人王维著名的《辋川图》（见图3-5）画幅原样制作而成的，冷盘中展现的坐在马车上的人物都清晰可见，其冷菜技艺之精湛可见一斑。

近代以来，花色冷盘的制作技艺有了进一步的发展和提高。尤其是在国宴上，无论制作的"百花迎春"，还是"熊猫戏竹"等大型冷菜拼盘，无不受到外国来宾的啧啧称赞。冷菜制作技艺已经成为中国饮食文化中耀眼夺目的烹饪技艺之一。

八、茶 点

茶，是中华民族的举国之饮，它发于神农，闻于鲁周公，兴于唐朝，盛于宋代，滥觞于明清之时。中国人饮茶，特别是在我国的南方地区，有时需要佐食一些

---

① 参见（宋）陶谷撰，李益民等注释：《清异录（饮食部分）·馔羞门》，中国商业出版社1985年版，第4～5页。

特色点心，而这些点心通常被人们称为"茶点"。无疑，茶点是在茶的品饮过程中发展起来的一类特色点心。

一般来说，茶点大多精细美观，口味多样，形小、量少、质优，品种丰富，是佐茶食品的主体。古人讲究茶点与茶性的和谐搭配，注重茶点的风味效果，重视茶点的地域习惯，体现茶点的文化内涵等，从而创造了茶点与茶的搭配艺术。饮茶佐以点心，在我国具有久远的历史。如浔阳楼茶饼起源于唐代，发展于宋代，绵延至今千余年，有"香不见花，甜不顶口，皮脆馅酥"的特点，为江西四大传统糕点之一。北宋诗人苏东坡曾赋诗赞曰："小饼如嚼月，中有酥和饴。"

各地茶点丰富多彩，各不相同。如在福建闽南地区和广东潮汕地区饮功夫茶特别流行。泡功夫茶讲究浓、香，所以要佐以小点心。而这些小点心颇为讲究，不仅味道可口，而且外形精雅，大的不过如小月饼一般大小，主要有绿豆蓉馅饼、椰饼、绿豆糕以及具有闽南特色的芋枣等。而广东人称早茶为"一盅两件"，即一盅茶和两道点心。茶为清饮，佐料另备，既可饱腹又不失品茗之趣。再如广东早茶其实是以品尝美味为主、以品茶为辅的一种品饮习俗的延伸。早茶中茶点之多，让人数不胜数，口味有甜有咸，而每一份茶点都小巧精致，如虾饺、蛋挞、七彩蛋卷以及各式小菜都以色、香、味俱全而受到各阶层人士的欢迎。又如旧时的老北京茶馆，大都与南方茶馆不同。老北京清茶馆较少，而书茶馆却很流行，品茶只是辅助性的活动，听评书才是主要的，所以品茶时的茶点多为瓜子等零嘴，很是随意。

九、婚宴食品

婚宴是民间最为吉庆祥和的饮食聚会，婚宴饮食活动中使用的食物都必须充满吉祥的寓意，因此每一种食品都十分讲究。如婚宴中的菜肴，多为鸡、鱼

等寓意吉庆之物。在山东东部沿海地区的婚宴之中，鱼不仅要整尾烹制，而且一定要选用带鳞的，俗有"无鳞不上席"之说，因无鳞鱼有"光棍"之嫌，不吉利。有的农村，若无鱼，就用"木鱼"代替。再如内陆地区，鱼不易得，且价格昂贵，旧时贫家买不到鱼时就用木头雕刻成整鱼形，挂面糊油煎烹制，上桌后只看不吃。全村一般备有一两条"木鱼"，谁家有婚宴，就可以借来加热消毒后即可用以代替鱼肴。此俗现已绝迹。

一般婚宴上鱼时，新郎、新娘则要到宴桌前向宾客敬酒。在某些地方渔家的婚宴上，海蛎子（即牡蛎）是必备之物。蛎子谐音"利子""立子"，寓新婚夫妇早得贵子之意。

而在福建地区，婚嫁日当晚的宴席必上称为"大菜"的"太平燕"，然后新婚夫妇到各桌敬酒，对未曾叩拜的亲族要补行拜礼。客人饮宴后要把全瓜（鱼）留给东家，表示对新人的祝愿——有头有尾，富足有余。由于各地婚宴中用到的吉祥食物与寓意较多，这里不再一一详述，下面仅把婚宴或婚庆过程中及其他吉庆场合经常用到的传统吉祥食物整理如下：

莲藕：有佳偶天成之意。

石榴：有百子千孙、多孙多福之意。

甜丁姜：有添子添孙、家丁兴旺之意。

发财芋：有财源滚滚来之意。

大发糕：大发特发之意。

松糕：也叫"年糕"，有年年发财、步步高升之意。

煎堆：有金银堆满屋之意。

甘蔗：有开枝散叶、由头甜到尾之意。

椰子：与"爷""子"谐音，寓有爷有子之意。

槟榔：台湾习俗，有夫妻一条心到尾之意。

扁柏：谓之"长有树"，有财宝用不尽之意。

茶叶：南方少数民族婚嫁必用，有矢志不移之意。

鸡：谐音"吉"，为大吉大利之意；在少数民族地区，还有家肥屋润的意思。

猪肉：猪为家里之物，"肉"与"有"谐音，家里"有"，就是富裕的意思。

鱼：与"余"谐音，取其意，中原地区民间婚宴中鲤鱼尤其不可少。

寿桃：桃是长寿果，食之能长命百岁，有生活甜甜蜜蜜、长寿祝福之意。

麦穗：岁岁平安之意。

莲荷：多与其他食物配合使用，与梅花搭配，寓意和和美美；和鲤鱼搭配，寓意年年有余；和桂花搭配，寓意连生贵子；而一对莲蓬则寓意并蒂同心。所以，民间制作的婚礼喜馍也多有莲子形状。

菱角：寓意伶俐。

红杏：寓意进士及第、幸运高中。

柿子：有事事如意、百事大吉之意。

葫芦：被古人视为一种宝物，古代葫芦是用来装药的，传说从葫芦里倒出来的药能医百病，使人健康长寿，故葫芦有健康长寿之意。

兰豆：名"荷兰豆"，果实饱满，与荷包、钱包谐音，象征荷包一生饱满。

葡萄：因葡萄结实累累，用来比喻丰收，象征为人事业及各方面都成功。

花生：寓意较多，一是长生不老之意，花生俗称"长生果"，民间多用花生来象征长生不老；二是生育之意，新婚夫妇祈求早生贵子必用花生；三是在不讲究计划生育的年代，人们希望生育时花花搭搭地生，即男女都有的意思。

辣椒：椒与"交""招"谐音，即交运发财，招财进宝之意，表示生意红红火火。

玉米：其色为金黄，遂有金玉满堂、生意兴隆之意；玉米又多子，因此又有子孙满堂、多子多福之意。

白菜：菜与"财"谐音，表示财源滚滚之意。

图 3-6　婚用喜饽饽

瓜果：瓜生成熟期短，又多子，因此常用来比喻子孙延绵不断。

婚宴中所应用的传统特色食品（见图 3-6）因地域、季节、民族的不同而不同，但追求吉庆祥和、欢快热烈的目的都是一致的。

十、祝寿食品

我国各地民间都有给老人庆寿的习俗，称为"寿诞"之喜，这也是中华民族孝敬老人的美德之一。所谓寿诞，一般是指 60 岁以上的老年人，每至生日称为"做寿"，而不足 60 岁的人，也有在生日举行一些庆祝或纪念性活动，叫"过生日""过生辰"。无论是给老人做寿，还是给年轻人过生日，无不与饮食有关。与婚宴一样，寿庆饮食习俗中的食品也是各有寓意的，但各地又不尽相同。如"六十六，吃块肉"，"七十三，吃条鲤鱼猛一窜"，"七十七，吃只鸡"。在安徽一些地方，老人到了 66 岁，已出嫁的女儿要为老人做 66 个馒头，包 66 个水饺，买 6 斤 6 两猪肉送到娘家祝贺，取"六六大顺"之意；老人到了 71 岁时，子女要炖一只老母鸡给老人吃；到了 73 岁时，子女要给老人买一条大鲤鱼等，都含有吉祥祈寿之意。当地俗语有"六十六吃块肉，吃了肉活不够"，"七十三，吃条鲤鱼蹿一蹿"，"七十七，吃只鸡，吉星高照寿无比"。在经济条件较差的年代，这实际上是人们通过祝寿活动以及传统的祝寿食物供给，给老人增加一些营养丰富的滋补食品。

寿宴中的大部分食品也是有讲究、有寓意的。这些吉祥食物种类繁多，常见的有鱼、肉、鸡、酒、寿面、寿桃、寿糕、寿饼、寿饽饽、糖果等。下面我

们选取几种传统的祝寿特色食品加以介绍。

长寿面 各地民间都有生日吃寿面的习俗，其历史由来久远。据说吃寿面的习俗源于西汉年间。长寿面作为一项古老传统的载体，既代表了儿女的孝心，也昭示着健康长寿的美好寓意。相传，汉武帝崇信鬼神，相信相术。明代谢肇淛撰《五杂俎》卷十六云："汉武帝对群臣云：'相书云：鼻下人中长一寸，年百岁。'东方朔在侧，因大笑，有司奏不敬，东方朔免冠云：'臣诚不敢笑陛下，实笑彭祖面长耳。'帝问之，朔云：'彭祖正八百岁，果如陛下之言，则彭祖人中可长八寸，以此推之，彭祖面长一丈余矣。'帝大笑。"看来想长寿，靠脸长得长是不可能的，但可以想个变通的办法表达长寿的愿望。脸即面，也就是说"脸长即面长"，于是人们就借用细长的面条来祝福长寿。渐渐地，这种做法又演化为生日吃面条的习惯，称之为吃"长寿面"。这一习俗沿袭至今。民间吃长寿面时也是有讲究的。如山西、陕西地区，要给老寿星单独上一碗面，面条越长越好，寿面上桌后，先从碗里挑出一根最长的面条，搭在横放在碗沿的筷子上，寓意"快乐长寿"。由老人先把这根面条吃掉，然后再与大家一起吃长寿面。

寿桃 在传统的民间祝寿宴席上，寿桃是必不可少的吉祥食品。用于祝寿宴的寿桃有两种：一是用新鲜的桃子，二是用面粉加工成的桃型饽饽。民间为什么把桃子称为"寿桃"，用桃祝寿呢？首先，要从桃子本身说起。桃子具有甜、鲜、纤维素含量高的特点，尤其是还含有丰富的抗氧化、抗衰老的维生素E，桃子富含果糖，具有滋补强身的作用。民间有"桃养人"和"宁吃鲜桃一口，不吃烂杏一筐"的谚语，说的就是桃子有养生延寿的作用。其次，据民间传说，桃木有驱邪扶正的功能，所以用桃祝寿也就有了驱邪扶正、祝颂祈寿的寓意。在山东民间，至今流传着孙膑用桃给母亲祝寿的故事。孙膑自小离开家乡到千里之外的云蒙山，拜鬼谷子为师学习兵法，一去就是12年。有一年的五月初五，孙膑猛然想到：今天是老母80岁生日。于是向师傅请假回家看望母亲。师傅摘下一个桃子送给孙膑说："你在外学艺未能报答母恩，我送给你一个桃带回去给令堂

上寿。"孙膑回到家里,从怀里拿出师傅送的桃给母亲。没想到老母亲还没吃完桃,容颜就变年轻了,全家人都非常高兴。村里的人听说孙膑的母亲吃了桃子变年轻了,也想让自己的父母长寿健康,于是就效仿孙膑在父母过生日时送鲜桃祝寿。但是鲜桃的季节性强,人们在没有鲜桃的季节里,就用面粉做成寿桃给父母拜寿。用面粉制作的"寿桃"讲究的是面白、个大、馅香、喜庆。山东有些地方要在祝寿日的前几天,给老人专门制作1个大寿桃和100个小寿桃,献于宴席之上,大的代表老人,小的代表老人子孙满堂。有些地方是要制作5个大寿桃,谓"五子拜寿",寓意"五子拜寿贺高堂,蟠桃盛宴表敬心",表达后辈对老人的孝敬之心。自制的面塑寿桃实际上就是将一般的饽饽做成鲜桃的样子,蒸制时要使整个面桃中间开裂,当地人谓之"笑了",再在上面贴上用面做的"寿"字(见图3-7)。寿桃除了在寿宴使用之外,还于做寿当日馈赠亲朋好友,以示庆贺同乐。总之,无论是鲜桃,还是用面加工的寿桃,寓意都十分美好,是寿宴不二的选择。

图3-7 寿桃饽饽

长寿糕、长寿饼 在我国北方,给老人祝寿的吉祥食品还有长寿糕、长寿饼之类。旧时民间制作的长寿糕类似一种花糕,使用多层发酵面团镶嵌蒸制而成,寓意蒸蒸日上、寿高无比。在花糕上面点缀大枣、栗子等,并染画上各种图案,以图吉利喜庆。长寿饼一般以柔软、香甜、滋润为特色,老年人食后易于消化。因长寿饼被人们赋予祈寿、吉祥的寓意,所以在祝寿宴席上经常出现。

各地民间用于祝寿或寿宴的食品还有许多,不在此一一介绍了。如今,许多种传统祝寿食品已经成为人们日常食用的普通食品了。

第四章

各领风骚的

十大风味

我国疆土幅员辽阔，各地自然条件、地理环境和物产资源有着很大的差别，造成各地饮食品种和人民口味习惯各不相同的。我国古代典籍中就说："东南之人食水产，西北之人食陆畜。食水产者，龟蛤螺蚌以为珍味，不觉其腥臊也。食陆畜者，狸兔鼠雀以为珍味，不觉其膻也。"① 物产决定了人们的食性，而长期形成的对某些独特口味的追求渐渐地变成了难以改变的习性，成为饮食习惯中的重要组成部分。所谓"南甜北咸，东辣西酸"地域性群体口味的形成，也是顺理成章的事情。正因为如此，中国饮食风味才形成了丰富多样、特色各异的风味流派。其中，最具代表性就是各具特色的地方风味菜肴体系。（见图 4-1）

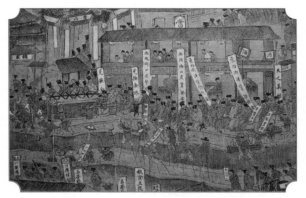

图 4-1　明·仇英《南都繁会图》（局部）

所谓风味菜肴体系，即当前人们所通称的"菜系"，具体是指具有明显地域特色的饮食风味体系。它以地域性的群体口味为主要特征，以独具一格的烹调方法、调味手段、风味菜式、辐射区域、历史文化传统为基本内涵，并且在国内外的传播与交流中形成了一定的影响。

中国风味菜肴体系的划分是一个非常复杂的问题，如果按照菜肴食用对象为依据来划分，则可分为宫廷菜、官府菜、民间菜、民族菜、寺院菜、地方菜。所谓宫廷菜，就是历代御膳厨师专为皇室烹制的菜肴，如明宫菜、清宫菜等；官府菜就是封建社会地位显赫的王公贵族府内所制作的菜肴，如孔府菜、谭家菜等；

① （晋）张华撰，范宁校证：《博物志校证》，中华书局 1980 年版，第 12 页。

民间菜是流行于乡村民间家庭、市肆的菜肴，由非专业烹饪人员所制，如田野菜、山野菜等；民族菜是各民族独特的菜肴，如傣家菜、满族菜等；寺院菜就是流行于众多庙宇、寺院、道观中专供出家人食用的一类菜肴，如素菜、道家菜等；地方菜是以地域范围内相似的群体口味为主形成的菜肴体系，古称"帮口"，如山东菜、四川菜等。

中国风味菜肴风味体系的形成既有自然因素，也有历史因素；既有政治因素，也有文化因素。从菜系历史和现状考察，它们一般都具有如下几个方面的条件：广泛运用地方特色的乡土原料，烹调工艺具有创新与独到之处，菜品系列具有浓郁的地方特征，众多名菜、名点促进了地方筵席的发达，菜式流传具有持久的生命力与发展空间。

中国最具有代表意义的是"三大文化流域孕育四大菜系"的理论观点，即黄河流域的鲁菜、长江上游的川菜、长江下游的苏菜、珠江流域的粤菜。随着历史进程的变化，四大菜系在饮食风味的涵盖度上越来越显示出了它的模糊性。如八大菜系的出现。八大菜系是在原有四大菜系的基础上，增加了浙、湘、闽、徽风味而形成的。如果在八大菜系的基础上再加上北京和上海风味就构成了"十大风味"流派。

一、山东风味

山东风味菜，简称"鲁菜"，历史悠久，影响广泛，是中国饮食文化的重要组成部分，是中国四大菜系之一。鲁菜以其味鲜咸脆嫩，口味纯正，风味独特，制作精细享誉海内外。

山东古为齐鲁之邦，地处半岛，三面环海，腹地有丘陵、平原，气候适宜，四季分明。海鲜水族、粮油畜禽、蔬菜果品、昆虫野味一应俱全，为烹饪提供了丰富的物质条件。

　　早在春秋战国时代，齐桓公的宠臣易牙就是以"善和五味"而著称的名厨。北朝时，高阳太守贾思勰在《齐民要术》中对黄河中下游地区的烹饪技艺作了较系统的总结，记录下了众多名菜的做法，反映了当时鲁菜发展的高超技艺。唐穆宗时，今山东临淄人段文昌任宰相，他精于饮食，曾自编《食经》五十卷，成为流行一时的历史掌故。[①]可惜的是，《食经》没有流传下来，而其子段成式"所著《酉阳杂俎》传于时"。到了宋代，都城汴梁所做"北食"（鲁菜的别称）已颇具规模。明、清两代，鲁菜已自成菜系，从齐鲁到京畿，从关内到关外，均有着广泛的饮食群众基础。

　　鲁菜烹技全面，巧于用料，注重调味。其中尤以爆、炒、烧、塌等最具特色。正如清代袁枚《随园食单·羽族单》称："滚油炮（爆）炒，加料起锅，以极脆为佳。此北人法也。"这描述的是鲁菜中的爆炒技法，爆炒类菜肴制作瞬间即可完成，营养素保护得好，而且食之清爽不腻。烧有红烧、白烧，著名的"九转大肠"是烧菜的代表。塌是山东独有的烹调方法，其主料要事先用调料腌渍入味或夹入馅心，再沾粉或挂糊，两面塌煎至金黄色，放入调料或清汤，以慢火煨尽汤汁，使之浸入主料，增加鲜味。山东广为流传的锅塌豆腐、锅塌菠菜等，都是久为人们乐道的传统名菜。

　　鲁菜还精于制汤，且汤有"清汤""奶汤"之别。北魏贾思勰《齐民要术》中就有制作清汤的记载。清汤是鲁菜烹调提鲜的关键调料，俗有"厨师的汤，唱戏的腔"之称。经过长期实践，清汤现已演变为用肥鸡、肥鸭、猪肘子为主料，经沸煮、微煮、"清哨"等工艺，使汤清澈见底，味道鲜美，汤则呈乳白色。用清汤和奶汤制作的菜肴，多被列为高级宴席的珍馐美味。

　　随着历史的演变和经济、文化、交通事业的发展，鲁菜逐渐形成了以济南、胶东、济宁为代表的地方风味，而不拘一格的孔府菜在近几十年也成为鲁菜的标志。

---

① 参见《旧唐书·段文昌传》，中华书局1975年版。

　　泉城济南，自金元以后便设为省治。济南的烹饪大师们利用丰富的资源，全面继承传统技艺，广泛吸收外地经验，把东路福山和南路济宁、曲阜的烹调技艺融为一体，将当地的烹调技术推向精湛完美的境界。济南菜取料广泛，高至山珍海味，低至瓜果菜蔬，就是极为平常的蒲菜、芸豆、豆腐和畜禽内脏等，一经精心调制，即可成为脍炙人口的美味佳肴。济南菜讲究清香、鲜嫩、味厚、纯正，有"一菜一味，百菜不重"之称。鲁菜精于制汤，则以济南为代表。济南的清汤、奶汤极为考究，独具一格。在济南菜中，用爆、炒、烧、炸、塌、扒等技法烹制的名菜就达二三百种之多。

　　胶东风味以烟台菜、青岛菜为代表，以烹制海鲜见长。胶东菜源于福山，距今已有700余年历史。作为烹饪之乡，福山地区曾涌现出许多名厨高手，他们不仅使福山菜流传于省内外，而且对鲁菜的传播和发展做出了贡献。烟台是一座美丽的海滨城市，山清水秀，果香鱼肥，素有"渤海明珠"的美称。"灯火家家市，笙歌处处楼"，是历史上对烟台酒楼之盛的生动写照。用海味制作的宴席，如八仙席、全鱼席、鱼翅席、海参席、海蟹席、小鲜席等，构成品类纷繁的烟台海味菜单。明清年间，许多烟台厨师涌入京津，或进入宫廷充当御厨，或在京城经营店铺，或在大的酒店、饭庄执掌厨灶，充分地展现了鲁菜的风貌，为鲁菜的传播与发展起到了巨大的作用。青岛菜则是在保持胶东菜传统风味的基础上，又受到近代西式菜肴烹饪的影响而形成的，是胶东菜创新发展的代表。

　　济宁风味主要指微山湖区饮食风格的菜肴。济宁古属鲁国，具有丰富的淡水水产资源。"鲁"字本身就有"日食有鱼"的含义。济宁风味菜肴富有乡土气息，质朴典雅，发展到后来融南北方的特长为一体。坐落在山东曲阜的孔府，凭借自古以来优越的社会地位与经济保障，孔府历代厨师的不断创新努力，形成了可接待上至皇帝、王公大臣，下至一般家庭饮食的完整的孔府菜肴体系。孔府菜具有雅俗共赏、精美并举的特色，是中国饮食文化发展史上具有典型意义的官府菜。

　　总体来说，山东菜具有鲜爽脆嫩、突出原味、刀工考究、配伍精当、善于调和、工于火候、技法全面、菜式众多的特点。鲁菜中，传统代表性名菜有九转大肠、清肠燕菜、奶汤鸡脯、糖醋鲤鱼（见图4-2）、葱烧海参（见图4-3）、清蒸加吉鱼、油爆双脆、带子上朝、八仙过海闹罗汉、诗礼银杏、青州全蝎、泰安豆腐、博山烤肉、德州脱骨扒鸡等。

图4-2　糖醋鲤鱼

图4-3　葱烧海参

二、四川风味

　　四川风味菜，简称"川菜"。川菜发源于古代的巴国和蜀国，是巴蜀文化的重要组成部分。川菜的发展有着优越的自然条件。川地位于长江中上游，四面皆山，气候温湿，烹饪原料丰富多样，川南菌桂荔枝硕果累累，川北鳞介禽兽品种珍异，川东井盐香料尤佳，川西三椒茂盛。川地江河纵横，水源充沛，水产品种丰富，如江团、肥沱、腾子鱼、东坡墨鱼、剑鱼等，质优而名贵。山岳深丘中盛产野味，如熊、鹿、獐、贝母鸡、虫草、竹荪、天麻等。调味品更是多彩出奇，如自贡的川盐、阆中的保宁醋、内江的糖、永江的豆豉、德阳的酱油、郫县的豆瓣、茂汶的花椒等。这些特产为川菜的发展提供了必要而特殊的物质基础。

　　一般来说，川菜是以成都、重庆、自贡三个地方菜为代表，选料讲究，规格划一，层次分明，鲜明协调。川菜作为我国八大菜系之一，融会了东南西北各方的特点，

在我国烹饪史上占有重要地位。它取材广泛，调味多变，菜式多样，口味清鲜、醇浓并重，尤以麻辣著称，并以别具一格的烹调方法和浓郁的地方风味享誉中外。

川菜起源于古巴蜀文化，但从地方风味的代表流派看，习惯上分为以成都和乐山菜为主的上河帮、以重庆和达州菜为主的下河帮、以自贡和内江为主的小河帮三派。

上河帮菜肴的特点是口味清淡，传统菜品较多，小吃多样。菜式讲求用料精细准确，严格以传统经典菜谱为准，其味温和，绵香悠长。其著名菜品有麻婆豆腐（见图4-4）、回锅肉、宫保鸡丁、盐烧白、粉蒸肉、夫妻肺片、蚂蚁上树、灯影牛肉、蒜泥白肉、樟茶鸭子、白油豆腐、鱼香肉丝、泉水豆花、

图4-4 麻婆豆腐

盐煎肉、干煸鳝片、东坡墨鱼、清蒸江团等。下河帮菜肴的特点是以家常菜为主，以麻辣闻名。菜式大方粗犷，以花样翻新迅速、用料大胆、不拘泥于材料著称。下河帮菜品大多起源于市民家庭厨房或路边小店，并逐渐在市民中流传，故俗称"江湖菜"。以重庆火锅为代表的菜肴颇受欢迎，不少川菜馆的主要菜品均为重庆川菜。其代表作有酸菜鱼、毛血旺（见图4-5）、口水鸡等。另外，以水煮肉片和水煮鱼为代表的水煮系列，以辣子鸡、辣子田螺和辣子肥肠为代表的辣子系列，以泉水鸡、烧鸡公、芋儿鸡和啤酒鸭为代表的干烧系列，以泡椒鸡杂、泡椒鱿鱼和泡椒兔为代表的泡椒系列，

图4-5 毛血旺

以干锅排骨和香辣虾为代表的干锅系列等，闻名中外。风靡海内外的麻辣火锅、毛肚火锅发源于重庆，因为其内涵已超出川菜的范围，通常被认为是一个独立的膳食体系，从而被视作中国饮食文化的组成部分。小河帮，又称为"盐帮菜"，源于明清时期自贡的盐商饮食，其特点是大气、怪异、高端。

四川各地小吃通常也被看作是川菜的组成部分，主要有担担面、川北凉粉、麻辣小面、酸辣粉、叶儿粑、酸辣豆花等以及用创始人姓氏命名的赖汤圆、龙抄手、钟水饺、吴抄手等。川菜在调味上具有明显的特点，突出麻、辣、香、鲜，油大、味厚，重用辣椒、花椒、胡椒和鲜姜。川菜常见的调味方法有干烧、鱼香、怪味、椒麻、红油、姜汁、糖醋、荔枝、蒜泥等复合味型，形成了川菜的特殊风味，享有"一菜一格，百菜百味"的美誉。

三、江苏风味

江苏风味菜，简称"苏菜"。历史上苏菜还被称为"淮扬风味""淮扬菜"，这是因为淮扬风味在江苏菜中占有重要地位，历史影响巨大。苏菜是我国长江下游地区饮食风味体系的代表，历史悠久，文化积淀深厚，具有鲜明的江南饮食风味特色。

江苏是我国名厨荟萃的地方，我国第一位在典籍留名的职业厨师和第一座以厨师姓氏命名的城市均出现在这里。彭祖制作野鸡羹供帝尧食用，被封为"大彭国"，亦即今天的徐州，故名"彭铿"，又名"彭祖"。夏禹时代，"淮夷贡鱼"，淮水出产的白鱼直至明清均系贡品。"菜之美者，具区之菁。"这里的"具区之菁"即指太湖佳蔬——韭菜花，商汤时期已登大雅之堂。早在2000多年前，吴人即善制炙鱼、蒸鱼和生鱼片。春秋时齐国的易牙曾在徐州传艺，由他创制的"鱼腹藏羊肉"千古流传，是为"鲜"字之本。专诸为刺吴王，在太湖向太和公学"全鱼炙"，其炙鱼技术对后世影响广泛，如现在苏州松鹤楼的"松鼠鳜鱼"（见图4-6）。汉代淮

南王刘安在八公山上发明了豆腐，首先在苏、皖地区流传。汉武帝逐夷民至海边，发现渔民所嗜"鱼肠"滋味甚美，南宋明帝也酷嗜此食。鱼肠就是乌贼鱼的卵巢精白。名医华佗在江苏行医时，与其江苏弟子吴晋均提倡"火

图4-6　松鼠鳜鱼

化"熟食，即食物疗法。梁武帝萧衍信佛，提倡素食，以面筋为肴。晋人葛洪有"五芝"之说，对江苏食用菌的影响颇大。南宋时，苏菜和浙菜同为"南食"的两大台柱，吴僧赞宁作《笋谱》，总结食笋的经验。豆腐、面筋、笋、蕈号称素菜的"四大金刚"。这些美食的发源都与江苏有关。南北朝时，南京"天厨"能用一个瓜做出几十种菜，一种菜又能做出几十种风味来。此外，腌制咸蛋、酱制黄瓜在1500年前就已载入典籍。江苏人有"吃草"的风俗，野蔬大量入馔，高邮王盘有专著，吴承恩在《西游记》里也有所反映。江南食馔中增加了满蒙菜点，有了"满汉全席"。在江苏菜的饮料中，香露颇具美名。《红楼梦》中宝玉所食木樨香露、董小宛手制玫瑰香露、虎丘山塘肆所售香露均为当时既滋神养体，又使人齿颊留芳的美食。

苏菜主要由淮扬风味、金陵风味、姑苏风味、徐海风味组成。

在整个苏菜系中，淮扬风味菜占主导地位。淮扬风味源自文化古城扬州和淮安，这里自古富庶繁华，文人荟萃，商业发达，因而烹饪领域高手辈出，菜点被誉为"东南佳味"。淮扬菜不仅历史悠久，而且也以物产富饶而称雄。水产尤其丰富，如南通的竹蛏、吕泗的海蜇、如东的文蛤等。内陆水网如织，水产更是四时有序，接连上市。这里土地肥沃，气候温和，粮油珍禽、干鲜果品罗致备极，一年四季，芹蔬野味，品种众多，从而使淮扬风味生色生香、味不雷同而独具鲜明的地方特色。菜肴具有浓而不腻、淡而不薄、酥烂脱骨不失其形、滑嫩爽脆不失其味的特色。

金陵风味则以南京饮食为主要特色，这里是"鱼米之乡"，物产丰饶，饮食资源十分丰富。著名的水产品有享誉海内外的长江三鲜鲥鱼、刀鱼、河豚，南京龙池鲫鱼、南京湖熟鸭等。菜肴以清新淡雅、色型优美见长。

姑苏风味包括苏州、无锡一带，西到常熟，东到上海、松江、嘉定、昆山，都在这个范围内。姑苏菜与淮扬菜有异曲同工之妙，其虾蟹莼鲈、糕团船点，味冠全省。茶食小吃尤优于苏菜系中其他地方风味。其菜肴注重造型，讲究美观，色调绚丽，白汁清炖独具一格，兼有糟鲜红曲之味，食有奇香，口味偏甜。（见图4-7）

图4-7 清·徐扬《姑苏繁华图》（局部）

徐海风味，即以徐州、连云港为主，地近齐鲁，风味受到齐鲁饮食风味的影响，肉食五畜俱用，水产以海味取胜。菜肴色调浓重，口味偏咸，习尚五辛，烹调技艺多用煮、煎、炸等。

整体而言，江苏菜风格不仅清新雅丽，制作精美，而且刀法多变。无论是工艺冷盘、花色热菜，还是瓜果雕刻，或脱骨浑制，或雕镂剔透，都显示了精湛的刀工技术。江苏名菜有烤方、水晶肴蹄、扬州炒饭、清炖蟹粉狮子头、金陵丸子、白汁圆菜、黄泥煨鸡、清炖鸡孚、金陵桂花鸭、拆烩鱼头、碧螺虾仁、蜜汁火方、樱桃肉、松鼠鳜鱼、母油船鸭、烂糊、黄焖栗子鸡、莼菜银鱼汤、万三蹄、响油鳝糊、金香饼、鸡汤煮干丝、肉酿生麸、凤尾虾、三套鸭、无锡肉骨头、梁溪脆鳝、苏式酱肉和酱鸭、沛县狗肉等。

四、广东风味

广东风味菜,简称"粤菜",是我国岭南饮食文化的代表,也是八大菜系之一。

粤菜的形成有着悠久的历史,自秦始皇南定百越,建立驰道,岭南与中原的联系加强,文化、教育、经济便有了广泛的交流。汉代南越王赵佗、五代时刘龚归汉后,北方各地的饮食文化与其交流频繁,官厨高手也把烹调技艺传与当地同行,促进了岭南饮食烹饪的改进和发展。汉魏以来,广州成为我国南方大门和与海外各国通商的重要口岸,唐朝异域商贾大批进入广州,刺激了广州饮食文化的发展。至南宋,京都南迁,大批中原士族南下,中原饮食文化融入了南方的烹饪技术。明清之际,粤菜广采"京都风味""姑苏风味"以及扬州炒卖和西餐之长,使粤菜在各大菜系中脱颖而出,名扬四海。除历史因素外,粤菜的生成环境也是一个不可忽视的重要因素。广东地处我国东南沿海,山地丘陵,岗峦错落,河网密集,海岸群岛众多,海鲜品种多而奇,原料丰富,为粤菜的形成与发展提供了必要的物质条件。

粤菜包括广州风味、东江风味和潮汕风味。

广州风味,包括珠江三角洲和肇庆、韶关、湛江等地的名食在内,擅长小炒,要求火候和油温均恰到好处。广州菜有三大特点:其一,取材广泛,令人眼花缭乱。天上飞的,地上爬的,水中游的,几乎都能上席。鹧鸪、禾花雀、豹狸、果子狸、穿山甲、海狗鱼等飞禽野味自不必说,猫、狗、蛇、鼠、猴、龟,甚至不识者误认为"蚂蝗"的禾虫,亦在烹制之列,而且一经厨师之手,顿时就变成异品奇珍,令中外人士刮目相看。其二,不仅用量精而细,配料多而巧,装饰美而艳,而且善于在模仿中创新,品种繁多。其三,口味比较清淡,力求清中求鲜、淡中求美,随季节时令的变化而变化,夏秋清淡而冬春浓郁。食味讲究清、鲜、嫩、爽、滑、香,调味遍及酸、甜、苦、辣、咸,此即所谓"五滋六味"。代表菜肴有龙

虎斗、白灼虾、烤乳猪、香芋扣肉、黄埔炒蛋、炖禾虫、狗肉煲、五彩炒蛇丝、脆皮乳鸽、炸鲜奶等。

东江风味，又叫"客家菜"。客家人原是中原人，在汉末和北宋后期因避战乱南迁，聚居在广东东江一带。其语言、风俗尚保留中原固有的风貌，菜品多用肉类，极少水产，主料突出，讲究香浓，下油重，味偏咸，以砂锅菜见长，有独特的乡土风味。东江菜以惠州菜为代表。喜用家禽、畜肉，很少配用菜蔬和河鲜海产。代表菜品有东江盐焗鸡、东江酿豆腐、爽口牛丸等，表现出浓厚的古代中州之食风。

潮汕风味，是指潮州、汕头一带的地方饮食。该地区在我国古代隶属闽地，其语言和习俗与闽南相近，划归广东之后，又受珠江三角洲的影响，故潮州菜汇闽、粤之长，又自成一派。潮汕菜以烹调海鲜见长，刀工技术讲究，口味偏重香、浓、鲜、甜。喜用鱼露、沙茶酱、梅膏酱、姜酒等调味品，甜菜较多，款式百种以上，都是粗料细作，香甜可口。代表菜品有烧雁鹅、豆酱鸡、护国菜、什锦乌石参、葱姜炒蟹、干炸虾枣等。

除此之外，粤菜还有近代发展起来的海南风味菜，虽然菜肴的品种较少，但颇具南国热带地域食物特有的风味，而且越来越受到广大食客的喜欢。

图4-8　咕噜肉

整体来看，粤菜具有生猛、鲜淡、清美的特色。用料奇特而又广博，技法广，集中西之长，趋时而变，勇于创新。点心精巧，大菜华贵，富有商品经济色彩和热带风情。代表性名菜有金龙脆皮乳猪、红烧大裙翅、盐焗鸡、鼎湖上素、蚝油网鲍片、大良炒牛奶、白云猪手、烧鹅、炖禾虫、咕噜肉（见图4-8）、南海大龙虾等。

五、湖南风味

湖南风味菜，简称"湘菜"。湘菜历史悠久，早在汉朝就已经形成颇具地方风味特色的饮食体系，烹调技艺已有相当高的水平。

湖南地处我国中南地区，长江中游南岸。这里气候温暖，雨量充沛，阳光充足，四季分明。南有雄崎天下的南岳衡山，北有一碧万顷的洞庭湖，湘、资、沅、澧四水流经全省。自然条件优厚，利于农、牧、副、渔的发展，故物产富饶。湘北是著名的洞庭湖平原，盛产鱼虾和湘莲，是著名的鱼米之乡。《史记·货殖列传》载："楚越之地，地广人稀，饭稻羹鱼……地势饶食，无饥馑之患。"长期以来，有"湖广熟，天下足"之誉。湘东南为丘陵和盆地，农、牧、副、渔都很发达。湘西多山，盛产笋、蕈和山珍野味以及特色的薰腊制品。丰富的物产为饮食提供了精美的原料，著名特产有武陵甲鱼、君山银针、祁阳笔鱼、洞庭金龟、桃源鸡、临武鸭、武冈鹅、湘莲、银鱼及湘西山区的笋、蕈和山珍野味。

在长期的饮食文化和烹饪实践中，湖南人民创制了多种多样的菜肴。从湖南的新石器遗址中出土的大量精美的陶食器和酒器以及伴随这些陶器一起出土的谷物和动物骨骸残存来测算，潇湘先民早在八九千年前就脱离了茹毛饮血的原始状态，开始吃熟食了。春秋战国时期，湖南主要是楚人和越人生息的地方，多民族杂居，饮食风俗各异。秦汉两代，湖南的饮食文化逐步形成了一个从用料、烹调方法到风味风格都比较完整的体系，其使用原料之丰盛，烹调方法之多彩，风味之鲜美，都是比较突出的。从出土的西汉遗策中可以看出，汉代湖南饮食生活中的烹调方法比战国时代已有进一步的发展，发展到羹、炙、煎、熬、蒸、濯、脍、脯、腊、炮、醢、苴等多种。烹调用的调料就有盐、酱、豉、曲、糖、蜜、韭、梅、桂皮、花椒、茱萸等。据考证，长沙地区在西汉时就能用兽、禽、鱼等多种原料，以蒸、熬、煮、炙等烹调方法，制作各种款式的佳肴。自唐、宋以来，尤其在明、

清之际，湖南饮食文化的发展更趋完善，逐步形成了八大菜系中的一支。

随着历史的进步和烹饪技术的积累，逐步形成了以湘江流域、洞庭湖区和湘西山区三种地方风味为主的湖南菜系。湘江风味是以长沙、衡阳、湘潭为中心而形成的，是湖南菜系的主要代表。它制作精细，用料广泛，口味多变，品种繁多。其特点是油重色浓，讲求实惠，在品味上注重酸辣、香鲜、软嫩。在制法上以煨、炖、腊、蒸、炒诸法见称。煨、炖讲究微火烹调，煨则味透汁浓，炖则汤清如镜。腊味制法包括烟熏、卤制、叉烧，著名的湖南腊肉系烟熏制品，既可作冷盘，又可热炒，或用优质原汤蒸。炒则突出鲜、嫩、香、辣的特色，适宜广大当地人民饮食之需。著名代表菜有海参盆蒸、腊味合蒸、豆豉扣肉、麻辣仔鸡等。

洞庭湖区的菜以烹制河鲜、家禽和家宴见长，多用炖、烧、蒸、腊的制法，其特点是芡大油厚，咸辣香软。炖菜常用火锅上桌，民间则用蒸钵置泥炉上炖煮，俗称"蒸钵炉子"。往往是边煮边吃边下料，滚热鲜嫩，津津有味，当地有"不愿进朝当驸马，只要蒸钵炉子咕咕嘎"的民谣，充分说明炖菜广为人民喜爱。洞庭金龟、网油叉烧、洞庭鳜鱼、蝴蝶飘海、冰糖湘莲等，皆为有口皆碑的洞庭湖区名肴。

图4-9　湘西烟熏腊肉

湘西山区菜擅长制作山珍野味、烟熏腊肉（见图4-9）和各种腌肉，口味侧重咸香酸辣，常以柴炭作燃料，有浓厚的山乡风味。红烧寒菌、板栗烧菜心、湘西酸肉、炒血鸭等，皆为驰名湘西的佳肴。

湘菜的突出风味代表是辣味菜和腊味菜。以辣味强烈著称的朝天辣椒，全省各地均有出产，是制作辣味菜的主

要原料。腊肉的制作历史悠久，在我国相传已有 2000 多年的历史。整体来看，湘菜刀工精细，形味兼美，调味多变，以酸辣著称，讲究原汁，技法多样，尤以重熏烤见称。

六、安徽风味

安徽风味菜，简称"徽菜"。徽菜起源于汉魏时期的歙州，发端于唐宋，兴盛于明清，民国年间继续发展，新中国成立后进一步发扬光大，成为著名的八大菜系之一。徽菜是我国饮食文化发展历史上典型的"因商而彰"的菜肴体系。明清年间，徽菜餐馆遍及三大流域的众多大中城市及地方重镇。徽菜具有浓郁的地方特色和深厚的文化底蕴，是中华饮食文化宝库中一颗璀璨的明珠。

徽菜的形成与江南古徽州独特的地理环境、人文环境、饮食习俗密切相关。绿树丛荫、沟壑纵横、气候宜人的徽州自然环境，为徽菜提供了取之不尽、用之不竭的徽菜原料。同时，徽州名目繁多的风俗礼仪、时节活动，也有力地促进了徽菜的形成和发展。

徽州，古称"新安"，自秦置郡县以来，已有 2200 多年的历史，溯源追本，这里曾先后设新都郡、新安郡、歙州等，宋徽宗宣和三年（1121 年），改歙州为徽州，历元、明、清三代，统"一府六县"（徽州府、歙县、休宁、婺源、祁门、黟县、绩溪，除婺源今属江西外，其余今皆属安徽），行政管理属地相对稳定。仅以绩溪而言，民间宴席中，县城有六大盘、十碗细点，岭北有吃四盘、一品锅，岭南有九碗六、十碗八等，饮食文化非常发达。

徽州风味的主要特点是擅长烧、炖，讲究火功，并习以火腿佐味，冰糖提鲜，善于保持原汁原味。不少菜肴都是用木炭火单炖、单焗，原锅上桌，香气四溢，诱人食欲，体现了徽州古朴典雅的风格。其代表菜有清炖马蹄、黄山炖鸽、腌鲜鳜鱼、红烧果子狸、徽州毛豆腐、徽州桃脂烧肉等。

除了徽州风味，安徽菜系还包括沿江风味和沿淮风味。沿江风味，以芜湖、安庆地区为代表，主要流行于沿长江流域，随后也传到合肥地区。沿江风味以烹调河鲜、家禽见长，讲究刀工，注意形色，善于用糖调味，擅长红烧、清蒸和烟熏技艺，其菜肴具有酥嫩、鲜醇、清爽、浓香的特色。代表菜有清香炒乌鸡、生熏仔鸡、八大锤、毛蜂熏鲥鱼（见图4-10）、火烘鱼、蟹黄虾盅等。"菜花甲鱼菊花蟹，刀鱼过后鲥鱼来，春笋蚕豆荷花藕，八月桂花鹅鸭肥"鲜明地体现了沿江人民的食俗情趣。

图4-10　毛蜂熏鲥鱼

沿淮风味，则是以蚌埠、宿县、阜阳等地为代表，主要流行于安徽中北部沿淮河流域。沿淮风味有质朴、酥脆、咸鲜、爽口的特色。在烹调上长于烧、炸、熘等技法，善用芫荽、辣椒配色佐味。代表菜有奶汁肥王鱼、香炸琵琶虾、鱼咬羊、老蚌怀珠、朱洪武豆腐、焦炸羊肉等。

从整体上来看，徽菜风味特色是长于制作山珍海味，精于烧炖、烟熏和糖调，重油、重色、重火力，原汁原味。

七、浙江风味

浙江风味菜，简称"浙菜"，是著名的八大菜系之一。浙菜富有江南特色，历史悠久，源远流长，是我国著名的地方菜种之一。浙菜起源于新石器时代的河姆渡文化，经越国先民的开拓积累，汉唐时期的成熟定型，宋元时期的繁荣和明清时期的发展，浙江菜的基本风格已经形成。

浙江菜的形成受当地资源特产的影响。浙江濒临东海，气候温和，水陆交通便利，其境内北半部地处我国"东南富庶"的长江三角洲平原，土地肥沃，

河汊密布，盛产稻、麦、粟、豆、果蔬，水产资源十分丰富，四季时鲜源源上市。西南部丘陵起伏，盛产山珍野味，农舍鸡鸭成群，牛豕肥壮，为烹饪提供了殷实富足的原料。特产有富春江鲥鱼、舟山黄鱼、梭子蟹、金华火腿、杭州油乡豆腐皮、西湖莼菜、绍兴麻鸭、越鸡和酒、西湖龙井茶、安吉竹鸡、黄岩蜜橘等。丰富的烹饪资源、众多的名优特产，与卓越的烹饪技艺相结合，使浙江菜出类拔萃，自成体系。

浙菜主要有杭州、宁波、绍兴、温州四个地方风味组成，带有浓厚的地方特色。

杭州菜历史悠久。自南宋迁都临安（今浙江杭州）后，商市繁荣，各地食店相继进入临安，菜馆、食店众多，而且效仿北宋京师。据南宋吴自牧《梦粱录·分茶酒店》载，当时"杭城食店，多是效学京师人，开张亦御厨体式，贵官家品件"。经营名菜有百味羹、五味焙鸡、米脯风鳗、酒蒸鲚鱼等近百种。明清时期，杭州又成为全国著名的风景区，自帝王将相至文人骚客，无不以游西湖为雅趣，游览业带动饮食业的发展，名菜、名点大批涌现。这样，杭州成为既有美丽的西湖，又有脍炙人口的名菜名点的著名城市。杭州菜制作精细，品种多样，清鲜爽脆，淡雅典丽，是浙菜的主流。

宁波菜以"鲜咸合一"，蒸、烤、炖制海味见长，讲究嫩、软、滑。注重保持原汁原味，色泽较浓。著名菜肴有雪菜大汤黄鱼、苔菜拖黄鱼、木鱼大烤、冰糖甲鱼、锅烧鳗、溜黄青蟹、宁波烧鹅等。

绍兴菜富有江南水乡风味，作料以鱼虾河鲜和鸡鸭家禽、豆类、笋类为主，讲究香酥绵糯，原汤原汁，轻油忌辣，汁浓味重。其烹调常用鲜料配腌腊食品同蒸或炖，且多用绍酒烹制，故香味浓烈。著名菜肴有糟溜虾仁、干菜焖肉、绍兴虾球、头肚须鱼、鉴湖鱼味、清蒸桂鱼等。

温州古称"瓯"，地处浙南沿海，当地在语言、风俗和饮食等方面都自成一体，别具一格，素以"东瓯名镇"著称。温州菜也称"瓯菜"，其特点是以海鲜入馔为主，口味清鲜，淡而不薄，烹调讲究"二轻一重"，即轻油、轻芡、重刀工。代表名

菜有三丝敲鱼、双味蜻蛉、桔络鱼脑、蒜子鱼皮、爆墨鱼花等。

总之，浙江菜品种丰富，菜式小巧玲珑，菜品鲜美滑嫩、脆软清爽，其特点是清、香、脆、嫩、爽、鲜。原料运用讲究品种和季节时令，充分体现了原料质地的柔嫩与爽脆，所用海鲜、果蔬之品，无不以时令为上，所用家禽、家畜类，均以特产为多，充分体现了浙菜选料讲究鲜活、用料讲究部位，遵循"四时之序"的选料原则。主要代表菜品有西湖醋鱼、东坡肉（见图4-11）、赛蟹羹、家乡南肉、干炸响铃、荷叶粉蒸肉、

图4-11　东坡肉

西湖莼菜汤、龙井虾仁、杭州煨鸡、虎跑素火煺、干菜焖肉、蛤蜊黄鱼羹、叫化童鸡、香酥焖肉、丝瓜卤蒸黄鱼、三丝拌蛏、油焖春笋、虾爆鳝背、新风蟹鳌、雪菜大汤黄鱼、冰糖甲鱼、蜜汁灌藕等。除此而外，著名的嘉兴粽子、宁波汤团、湖州干张包子也是独具特色的地方美食。

八、福建风味

福建风味菜，简称"闽菜"，是中国八大菜系之一。闽菜是在中原汉族文化和当地古越族文化的混合、交流中逐渐形成的。在闽侯县甘蔗镇恒心村的昙石山新石器时代遗址中，有保存完好的新石器时期福建先民使用过的炊具陶鼎和连通灶，这表明福州地区在5000年之前就已从烤食进入煮食时代了。在西晋末年"永嘉之乱"以后，大批中原衣冠士族南迁，中原先进的科技文化与饮食制作技艺亦随之进入闽地，并与闽地古越文化混合和交流，促进了当地的发展。晚唐五代，河南光州固始的王审知兄弟带兵入闽建立"闽国"，对福建饮食文化的进一步开

发、繁荣产生了积极的促进作用。①唐朝徐坚的《初学记》引王粲《七释》云：
"瓜州红曲，参糅相半，软滑膏润，入口流散。"这种红曲由中原移民带入福建后，
被大量使用，竟逐渐成为闽菜的烹饪特色，有特殊香味的红色酒糟也成了烹饪时
常使用的作料。红糟鱼、红糟鸡、红糟肉等都是闽菜中红糟菜肴体系的代表。

福建是我国著名的侨乡，旅外华侨从海外引进的新品种食品和一些新奇的
调味品，对丰富福建饮食文化、充实闽菜体系的内容产生了重要影响。福建人
民经过与海外，特别是南洋群岛人民的长期交往，海外的饮食习俗也逐渐渗透
到闽人的饮食生活之中，从而使闽菜成为带有开放特色的一种独特的菜系。清
末民初，福建先后涌现出一批富有地方特色的名店和真才实艺的名厨。当时福
建是对外贸易的一个重要区域，福州和厦门一度出现了一种畸形的市场繁荣景
象。为了满足官僚士绅、买办阶层等上流社会应酬的需要，福州出现了"聚春
园""惠如鲈""广裕楼""嘉宾""另有天"，厦门出现了"南轩""乐琼林""全
福楼""双全"等名菜馆。这些菜馆或以满汉大席著称，或以官场菜见长，或以
地方风味享有盛誉，促进了地方风味的形成和不断完善。

闽菜由福州、闽南和闽西三路不同风味的地方菜组合而成。

福州菜是闽菜的主流，除盛行于福州外，也在闽东、闽中、闽北一带广泛流传。
其菜肴特点是清爽、鲜嫩、淡雅，味偏酸甜，汤菜居多。福州菜善用红糟为作料，
尤其讲究调汤，给人以"百汤百味"和"糟香"袭鼻之感，如茸汤广肚、肉米鱼唇、
鸡丝燕窝、鸡汤氽海蚌、煎糟鳗鱼、淡糟鲜竹蛏等。

闽南菜，盛行于厦门和晋江、龙溪地区，东及台湾。其菜肴特点是鲜醇、香嫩、
清淡，并且以讲究作料、善用香辣而著称，在使用沙茶、芥末、橘汁以及药物、
佳果等方面均有独到之处。东璧龙珠、清蒸加力鱼、炒沙茶牛肉、葱烧蹄筋、
当归牛腩、嘉禾脆皮鸡等皆为闽南菜佳肴。

---

① 参见李朋主编：《饮食文化典故》，天津古籍出版社 2013 年版，第 360～361 页。

　　闽西菜，盛行于"客家话"地区，其菜肴特点是鲜润、浓香、醇厚，以烹制山珍野味见长，略偏咸、油，善用生姜，在使用香辣佐料方面更为突出。代表菜品有爆炒地猴、烧鱼白、油焖石鳞、炒鲜花菇、蜂窝莲子、金丝豆腐干、麒麟象肚、涮九品等。

　　闽菜的烹饪技艺既继承了我国烹饪技艺的优良传统，又具有浓厚的南国地方特色。其风味特色是清鲜、醇和、荤香、不腻，重淡爽、尚甜酸，善于调制珍馐，汤路宽广，作料奇异，有"一汤十变"之誉。代表性名菜有佛跳墙（见图 4-12）、龙身凤尾虾、淡糟香螺片、鸡汤氽海蚌、太极芋泥、芙蓉鲟、七星丸、烧桔巴、玉兔睡芭蕉、扒通心河鳗、梅开二度、四大金刚等。

图 4-12　佛跳墙

九、北京风味

　　北京风味菜，又称"京帮菜"，它是以北方菜为基础，兼收各地风味后形成的。北京以都城的特殊地位，集全国烹饪技术之大成。吸收了汉、满、回等民族烹饪技艺和宫廷饮食风味，在山东菜的基础上兼采各地风味之长形成的官府菜，也为京帮菜带来了光彩。北京菜中最具有特色的要算烤鸭和涮羊肉。涮羊肉、烤牛肉、烤羊肉原是北方少数民族的食法，辽代墓壁画中就有众人围火锅吃涮羊肉的画面。现在，涮羊肉所用的配料丰富多样，味道鲜美，其制法几乎家喻户晓。

　　自春秋时燕国建都于北京，以后陆续有辽、金、元、明、清在此建都，使各地的饮食文化不断输往北京。一般来说，北京菜起源于金、元、明、清的御膳、官府和食肆，受鲁菜、满族菜、清真风味和江南名食的影响较大，其影响波及

天津和华北，近年来已推向海外。它由本地乡土风味、齐鲁风味、蒙古族风味、清真风味、宫廷风味、斋食风味、江南风味7个分支构成。其风味特色是选料考究，调配和谐，以爆、烤、涮、扒见长，酥脆鲜嫩，汤浓味足，形质并重，名实相副，菜路宽广，品类繁多，广集全国美食之大成。北京菜中，富有代表意义的传统名菜主要有北京烤鸭、涮羊肉、三元头牛、黄焖鱼翅、一品燕菜、八宝豆腐等。

烤鸭约形成于南北朝时期。北魏贾思勰《齐民要术》中虽然没有"炙鸭"字样出现，但在所记录的炙法中广泛使用鸭的食材，如"捣炙""腩炙"中皆用鸭。[1]南宋时，"炙鸭"已为临安（今浙江杭州）"市食"中的名品，烤鸭不但已成为民间美味，同时也是士大夫家中的珍馐。后来，因为元军大破临安城后，元将伯颜曾将临安城里的百工技艺带至今天的北京。烤鸭技术随之传到了北京，烤鸭遂成为元朝宫廷御膳的美味奇珍之一。随着朝代的更替，烤鸭亦成为明、清宫廷的美味。明代时，烤鸭还是宫中元宵节必备的佳肴。据说清代乾隆皇帝和慈禧太后都特别爱吃烤鸭。从此，便正式命为"北京烤鸭"。后来随着社会的发展，北京烤鸭逐步由皇宫传到民间。而今，北京烤鸭（见图4–13）已经成为中国菜肴的代表，被誉为"国菜"。

图4–13　北京烤鸭

十、上海风味

上海风味菜，简称"沪菜"，起源于清代中叶的浦江平原，后受到各地帮口

---

[1] 参见（后魏）贾思勰撰，缪启愉校释：《齐民要术校释》，第495页。

和西菜的影响，特别是受淮扬菜系的影响最大，成为今天的海派菜。

上海是我国近代以来最大的工业城市，也是著名的国际贸易港口之一。近百年来，由于工业发达，商业繁荣，上海一直以"世界名都"著称于世。它位于我国长江三角洲，是一个沿江滨海的城市，气候温暖，四季分明，附近江湖密布，全年盛产鱼虾，市郊菜田连片，四时蔬菜常青，物产丰富。上海位于交通枢纽，为采购各地特产提供了便利的运输条件，也为上海菜的发展提供了良好的原料和调料。

自 1843 年上海开埠以来，随着工商业的发展，四方商贾云集，饭店、酒楼应运而生。到 19 世纪三四十年代，各种地方菜馆林立，有京、广、苏、扬、锡、杭、闽、川、徽、潮、湘诸路风味以及上海本地菜等十几个菜系，同时还有素菜、清真菜及各式西菜、西点等。这些菜在上海既各显神通，激烈竞争，又相互取长补短，融会贯通，这为发展有独特风味的上海菜创造了有利条件。

上海菜原以红烧、生煸见长。后来，吸取了无锡、苏州、宁波等地方菜的特点，参照上述众多帮别的烹调技术，兼及西菜、西点之法，花色品种遂有了很大的发展。菜肴风味的基本特点是汤卤醇厚，浓油赤酱，糖重色艳，咸淡适口。选料注重活、生、鲜，调味擅长咸、甜、糟、酸。名菜如红烧鲴鱼，巧用火候，突出原味，色泽红亮，卤汁浓厚，肉质肥嫩，负有盛誉。糟钵头则是上海本地菜善于在烹调中加"糟"的代表，将陈年香糟加工复制成糟卤，在烧制中加入，不仅使菜肴糟香扑鼻，而且鲜味浓郁。生煸草头，是将特产的蔬菜摘梗留叶，重油烹酒，柔软鲜嫩，蔚成一格。而各地方风味的菜肴也逐步适应上海的特点，发生了不同的变革，如川菜从重辣转向轻辣，无锡菜从重甜改为轻甜，还有不少菜馆吸取外地菜之长。经过长期实践，在取长补短的基础上，上海菜形成了独特的风味。

如今的上海菜在不断兼收并蓄、博采众长的基础上，形成了选料新鲜、讲究品质、刀工精细、制作考究、火候恰当、清淡素雅、咸鲜适中、口味多样等优点。除上述名菜外，青鱼下巴甩水、青鱼秃肺、腌川红烧圈子、白斩鸡、鸡骨酱、虾子大乌参、松江鲈鱼、枫泾丁蹄等也是沪菜代表作。

第五章
雅俗共赏的
茶文化

我国是茶的故乡。从神农发现茶的药物作用到今天茶成为世界性的饮品，经历了一个漫长的发展过程。我国先民们运用勤劳和智慧，在长期的生产与生活过程中，积累了丰富的种茶与制茶的经验，培育出了丰富的茶种，其中仅名茶品种就多达数百种。如今，茶已经成为我国人民日常生活中不可或缺的饮品之一。古人所谓"开门七件事，柴米油盐酱醋茶"的生活总结，充分反映了茶在我国人民生活中的地位。

我国有着悠久的饮茶、制茶的历史。那么，茶起源于何时呢？

据历史学家与植物学家的研究表明，茶树属于双子叶植物山茶科山茶属，起源于距今 7000 多年前。其实茶树原是野生植物。后来，当祖先们发现了茶的药用与食用价值后，尤其是随后发现了茶的饮用价值后，野生的茶树才在人们有意识地培育、驯化与人工杂交中，成为今天丰富的茶树资源，并成为我们今天所广泛饮用的饮品——茶。

中国是茶的故乡，茶树的原产地就在中国，这一点已被世界茶学界所公认。大量的历史资料和学者们的研究表明，茶树的原产地在我国的西南地区，具体来说是在我国的云南、贵州、四川地区。这里气候温暖，一年四季雨量充沛，温和而潮湿的地理环境特别适合茶树的生长。在目前世界上发现的近 300 种茶树中，我国就有 260 余种，仅西南三省就有 100 余种。大量山茶科植物在西南地区的集中发现，足以证明我国是茶的原产地。[①]

一、饮茶的由来

关于饮茶的起源，在我国历来流传着神农发明茶的观点。据汉代集结整理成书的《神农本草经》载："神农尝百草，日遇七十二毒，得茶而解之。"在古代，"茶"

---

① 参见徐晓村主编：《中国茶文化》，中国农业大学出版社 2005 年版，第 14 页。

与"茶"字通。古史传说:"神农乃玲珑玉体,能见其肺肝五脏。"有一次,神农吃了茶树的叶子之后发现,茶叶把他肚子里的其他食物全都清理了出来,而且口余清香。茶叶的解毒作用于是被神农发现。以后,每当他在尝百草不小心遇毒时,就用茶叶来解毒。

早期的茶是药食兼用的植物。茶之所以起源于西南地区,并从西南地区流传到全国,也是有历史依据的。清代周蔼联《竺国游记》卷二记有"番民以茶为生,缺之必病"的说法。巴蜀地区为瘟疫疾病多发的"烟瘴"之地,所以这里的人们以饮用茶汤来解毒祛瘴,渐渐地养成了以嗜好辛香来抵御潮湿的环境的习惯。这样一来,饮用茶的时间长了,茶叶的药用意义逐渐减弱,饮品的意义逐渐显现。这种演变过程在时间上是没有严格的界限的。饮茶风气之兴,大约始于我国的唐朝,现在我们熟悉的"茶"字是在唐代时期才出现的。我国古代称"茶"为"荼",古籍中又有"早采者为荼,晚取者为茗,一名荈,蜀人名之曰苦荼"的记载。

饮茶虽然在我国有着古老而悠久的历史,但在这样的一个漫长的过程中,一直没有一本完整介绍茶和饮茶的书。唐以前的典籍资料中,偶尔有关于茶的记载,但都是一鳞半爪,而且常常是文字简略。真正系统、完整且科学地介绍茶的书,是我国唐代人陆羽所作的《茶经》。《茶经》是我国也是世界上第一部茶学专著,约成书于758年。

唐宋时期,饮茶之风南方较为盛行,北方饮茶则是从寺院兴起的。唐朝封演的《封氏见闻记》卷六载:"南人好饮之,北人初多不饮。开元中,泰山灵岩寺有降魔师大兴禅教,学禅务于不寐,又不夕食,皆许其饮茶。人自怀挟,到处煮饮,从此转相仿效,遂成风俗。自邹、齐、沧棣,渐至京邑,城市多开店铺煎茶卖之,不问道俗,投钱取饮。其茶自江、淮而来,舟车相继,所在山积,

色额甚多。"①唐朝以后，整个中原地区的饮茶之风也和南地相仿，不仅佛门弟子广为饮用，而且在市场上以卖茶为生的茶摊也十分普遍。

图5-1 宋·赵佶《文会图》

宋代是茶文化大发展的重要时期。贡茶工艺的发展及皇室和上层社会的嗜茶成风，使饮茶之风更为盛行。与唐代饼茶不同，宋代贡茶——龙凤团茶是由刻有龙凤图案的模型压模而成。其采制技术也更为精致讲究。宋徽宗赵佶还对茶进行了深入的研究，写成茶叶专著《大观茶论》一书，对茶的产制、烹试及品质各方面都有详细的论述，也推动了饮茶风气的盛行。茶已经成为民众日常生活的必需品。宋徽宗所作《文会图》是公认的描绘茶宴的佳作。（见图5-1）

宋代的文人们将琴棋书画融进茶事之中，大大提高了茶事的文化品位，这也是宋代茶文化成熟的一个标志。许多大文豪如蔡襄、范仲淹、欧阳修、王安石、梅尧臣、苏轼、苏辙、黄庭坚、陆游等，都留下许多与饮茶有关的脍炙人口的文艺佳作。

明太祖朱元璋正式废除团饼茶。皇室提倡饮用散茶，民间蔚然成风，并将煎煮法改为冲泡法，这是饮茶方法史上的一次革命。明代茶叶生产上有许多发

---

① （唐）封演撰，赵贞信校注：《封氏见闻记校注》卷六《饮茶》，中华书局1958年版，第46页。

明创造，绿茶生产上改进了蒸青技术并产生了炒青技术。花茶的生产得到了进一步的发展，许多花都可以用来窨制花茶。此外还出现了乌龙茶和红茶。

明代"文士茶"也颇具特色，尤以"吴中四杰"为最。"四杰"为文徵明、唐寅、祝允明和徐祯卿，他们都是怀才不遇的大文人，且都多才多艺又嗜茶，开创了"文士茶"的新局面。他们更加强调品茶时对自然环境的选择和审美氛围的营造，使品茶成为一种契合自然、回归自然的高雅活动。这在他们的传世佳作中都有很好地体现。

到了明代晚期，文士们对品饮之境的追求又有新的突破，讲究至精至美之境。全身心地融入品茶活动中，进一步达到超凡脱俗、"天人合一"的精神境界，提出茶道之说并对其进行了深入探索。这是明人对中国茶道精神的发展与超越。

散茶被钦定为贡茶，简便自然的饮用方法广受人们喜爱。明代茶学兴起，茶著极多，促进了散茶外形与内质的改善与提高。散形叶茶中的许多名品也渐显雏形，如龙井、碧螺春等。

茶馆，古称"茶肆""茶坊""茶楼"，萌发于唐代，发展于宋代。宋代张择端在《清明上河图》中对此有所描绘；明清时期茶楼的发展更为典型，尤以清代茶馆最为鼎盛，可谓遍布城乡，数不胜数，并且逐渐发展出茶饮习惯和文娱活动各异的茶馆文化形态。茶馆成为重要的社会文化活动场所。茶饮已融入日常生活和民俗民风的方方面面。茶文化由茶宴、茶会、茶道向茶馆的发展，反映了茶事活动由贵族化、文人化走向大众化，成为一种全民性的活动，足见人们对饮茶的喜爱。

在明清时期发展起来并成熟的"功夫茶饮"至今仍是茶艺馆里的主要泡茶方式。明清时期在茶叶品饮方面的最大成就是"功夫茶艺"的完善。功夫茶是适应茶叶撮泡的需要经过文人雅士的加工提炼而成的品茶技艺。大约明代形成于浙江一带的都市里，后扩展到闽、粤等地，在清代转移到闽南、潮汕一带为中心，"潮汕功夫茶"享有盛誉，成为茶艺馆里的主要泡茶方式之一。清初文人

袁枚在《随园食单·茶酒单·武夷茶》中记述了武夷功夫茶的讲究，不仅包括茶具的艺术美、泡的程式美、品茶时的意境美，而且还追求环境美、音乐美。明清时期茶人已将茶艺推进到尽善尽美的境地，形成了功夫茶的鼎盛时期。

二、《茶经》与茶书

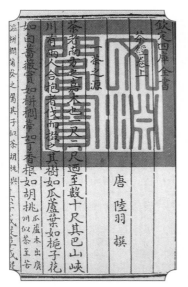

图5-2　《茶经》书影（《四库全书》本）

《茶经》是世界上第一部茶学专著，由唐朝著名的茶学专家陆羽编撰，他也因此被后人称为"茶圣"。（见图5-2）

陆羽，字鸿渐，又名疾，祖籍竟陵县（今湖北天门），所以他又号竟陵子。陆羽3岁时遭父母遗弃，被竟陵县智积禅师收养，在寺庙内做了一名行者。他天资聪明伶俐，深得智积禅师的喜欢。智积喜欢饮茶，陆羽便天天煮茶给他喝。长年累月，陆羽在寺内学会了采制、煮茶（见图5-3）的高超技艺。后来，智积禅师要他皈依佛门，出家为僧，但陆羽本人却不愿出家，而是潜心立志要走功名仕途之路。他在做行者的时候，做完洒扫的脏活、累活后，坚持学习，没钱买墨，只能靠背诵记忆，有时画地写字。长大成人后，陆羽离开了寺院，开始四处流浪，闯荡江湖，一度在河南太守李齐物幕下。唐肃宗时，陆羽移居浙江吴兴，闭门著书，甘于寂寞，淡泊为生。

陆羽生活的湖北竟陵一代，是长江流域重要的茶叶产地，不但茶叶产量高，而且品质优良，制茶种类很多，饮茶风气一直较为浓厚。少年时期陆羽和智积禅师学习、积累的制茶、煮茶技术，再加上他后来移居的浙江吴兴一带也是著

名的茶乡，为他从事理论研究打下了良好的基础。这都为他撰写《茶经》一书创造了得天独厚的条件。

图 5-3 元·赵原《陆羽煮茶图》

在唐朝以前，茶的用途和饮茶习俗没有那么广泛，中原大多数人一般只把它作药用，仅在西南少数地区以茶作饮料。饮茶习俗盛于唐代，是陆羽《茶经》问世之后的事情，由于他的竭力推广，饮茶之风大盛，茶的地位也日益提高。自此以后，茶成为具有巨大经济价值的商品，致使朝廷要征收茶税。又因文人墨客饮茶之风日盛，饮茶品茗遂成为中国文化的一个组成部分。陆羽曾作一首《六羡歌》："不羡黄金罍，不羡白玉杯。不羡朝入省，不羡暮登台。千羡万羡西江水，曾向竟陵城下来。"这首诗充分体现了他对饮茶文化的痴迷和执着。

陆羽的《茶经》是一种独特的文化创造，它把人们的精神境界与物质生活融为一体，突出反映了我国传统文化的特点。可以说，陆羽的《茶经》不仅奠定了中国茶文化的基础，而且开辟了一个新的文化领域。《茶经》不仅系统地介绍了茶的起源、历史、生产经验及烹饮过程等，而且还首次把普通的饮茶活动当作一种艺术过程来看待，创造性地总结出了烤茶、选水、煮茗、列具、品饮等一套完整的中国饮茶艺术。《茶经》的伟大之处更在于陆羽首次把"精神"贯穿于茶事之中，强调茶人的品格和思想情操，把饮茶看成是一种进行自我修养、锻炼意志、陶冶情操的方法。《茶经》是唐以前有关茶史、

茶事、茶艺的辑录与总结，是我们今天研究茶科学、茶文化的一部最为重要的文献。

三、品茶与茶道

品茶是一门十分讲究的生活方式，这种品饮方式发展到后来就是我们今天所说的"茶道"。

至少在唐朝（或唐以前），我国就在世界上首先将茶饮作为一种修身养性之道，茶饮当时在上层社会已广为流行。唐朝封演的《封氏见闻记》中就有这样的记载："茶道大行，王公朝士无不饮者。"[1]这是现存文献中对"茶道"一词的最早记载，也是对茶道活动的最早记录。史籍中所载比较完善的茶道流程应该是唐代陆羽所创的"煎茶茶道"。

在唐宋年间人们对饮茶的环境、礼节、操作方式等饮茶仪程都已很讲究，有了一些约定俗成的规矩和仪式，茶宴也有宫廷茶宴、寺院茶宴、文人茶宴之分，对茶饮在修身养性中的作用也有了相当深刻的认识。宋徽宗赵佶是一位茶饮爱好者，他认为品味茶的芬芳，能使人闲和宁静。在皇室的影响下，茶道发展到宋代已至臻美之境。（见图5-4）到了南宋，日本僧人荣西将茶种从中国带到日本，从

图5-4　宋·刘松年《斗茶图》（局部）

① （唐）封演撰，赵贞信校注：《封氏见闻记校注》卷六《饮食》，第46页。

此日本才开始遍种茶树。在南宋末期，日本南浦昭明禅师来到浙江余杭经山寺取经，交流了该寺院的茶宴仪程，首次将中国的茶道引到日本，成为我国茶道在日本的最早传播者。大约在明朝时，日本出现了一个叫千利休的和尚，才开始注重饮茶礼仪与仪式，高高举起了"茶道"这面旗帜，成为日本一代茶道高僧，并总结出了"和、敬、清、寂"茶道四规。[①]显然这个基本理论是受到了我国茶道精髓的影响而形成的，其主要的仪程规范仍源于我国。

遗憾的是，我国虽然很早就提出了"茶道"的概念，也在该领域中不断实践探索，但却没有能够旗帜鲜明地以"茶道"的名义来发展这项事业，也没有规范出具有传统意义的茶道礼仪。事实上，我国的茶道并没有仅仅满足于以茶修身养性的发明和仪式的规范，而是更加大胆地去探索茶饮对人类健康的真谛，创造性地将茶与中药等多种天然原料有机地结合，使茶饮在医疗保健中的作用得以大大增强，并使之获得了一个更大的发展空间，这就是我国茶道最具实际价值的方面，也是千百年来一直受到人们重视和喜爱的魅力所在。如唐代的饮茶方式和唐代的茶汤与我们今天的概念完全不同。唐代的茶汤，是将茶饼切碎碾成粉末，过"罗"后加入沸水中煮成糊状，同时还要往里加盐、葱、姜、橘皮、薄荷等，类似于一种五味杂陈的"胡辣汤"。正是这种在今人想来不堪下咽的"茶汤"却能够起到提神醒脑、驱寒却疾的作用。

传统茶道是一种通过品茶活动来表现一定的礼节、意境、美学观点和精神思想的行为艺术。它是茶艺与精神的结合，并通过茶艺表现精神。中国传统茶道兴于唐代，盛于宋朝，臻于明代，衰于清末。

唐代以釜煮茶汤，汤熟后用瓢分茶，通常一釜之茶可分五碗，分茶时沫浡要均匀。宋代的点茶法可以一碗一碗地点，也可以用大汤钵、大茶筅一次点就，

① 参见［日］桑田忠亲著，李炜译：《茶道六百年》，北京十月文艺出版社 2016 年版，第 96 页。

图5-5 明·陈洪绶《品茗图》（局部）

然后分茶，分时也要均匀。明清以后，直接冲泡为多，以壶盛之。壶有大小之分，既有自冲自泡的小壶，也有能斟四五碗的大壶。（见图5-5）分茶即便是在民间也是十分讲究的。为使上下茶水均匀，烫盏之后往往提壶巡杯而行，好的茶师可以四五杯乃至十几杯巡注几周不停不撒，谓之"关公跑城"，一点一提则叫作"韩信点兵"等。

现在更多人把这种品饮活动称之为茶艺。简要说来，中国"茶艺"主要包括以下几个方面：

一是茶叶的基本知识。学习茶艺，首先要了解和掌握茶叶的分类、主要名茶的品质特点、制作工艺以及茶叶的鉴别、贮藏、选购等内容。

二是茶艺的技术。它是指茶艺的技巧和工艺，包括茶艺术表演的程序、动作要领、讲解的内容，茶叶色、香、味、形的欣赏，茶具的欣赏与收藏等内容。

三是茶艺的礼仪。它是指服务过程中的礼貌和礼节，包括服务过程中的仪容仪表、迎来送往、互相交流与彼此沟通的要求与技巧等内容。

四是茶艺的规范。茶艺要真正体现出茶人之间平等互敬的精神，因此对宾客都有规范的要求。作为客人，要以茶人的精神与品质去要求自己，投入地去品茶。作为服务者，也要符合待客之道，尤其是茶艺馆，其服务规范是决定服务质量和服务水平的一个重要因素。

五是悟道。道是指一种修行，是人生的哲学。悟道是茶艺的一种最高境界，具体是指通过泡茶与品茶去感悟生活，感悟人生，探寻生命的意义。

四、茶的分类

在我国，茶的品种繁多。根据茶叶的制法和品质，可以分为红茶、绿茶、乌龙茶、花茶和紧压茶（茶砖）五大类。

红茶：是一种经过完全发酵的茶，成品具有醇香、细致、味厚、叶红等特点，冲泡后汤色红艳鲜亮，清澈见底，香味芬芳浓纯。红茶的主要品种有安徽祁门红茶、云南凤庆滇红茶、福建福安红茶、湖北宜昌红茶、江西修水宁红茶、湖南安化红茶、浙江绍兴红茶等，以祁红、滇红、宜红质量最佳。

绿茶：是一种未经发酵的茶，采用高温杀青而保持原有的绿色。主要品种有西湖龙井、茉莉大方、碧螺春等。冲泡后的绿茶具有汤色透明淡雅、茶叶翠绿柔和、清香馥郁等特点。

乌龙茶：是一种半发酵的茶，成品茶外形粗壮松散，呈紫褐色，兼有绿茶的鲜浓和红茶的甘醇。主要品种有武夷岩茶、安溪铁观音、台湾乌龙等。

花茶：又名"香片"，即将植物的花或叶子甚至是果实泡制而成的茶，具有香气芬芳、滋味浓厚、汤色清澈的特点。北宋蔡襄《茶录》载："茶有真香，而入贡者微以龙脑和膏，欲助其香，建安民间试茶，皆不入香，恐夺其真……正当不用。"[1]这说明在宋朝已能利用香料熏茶。花茶的主要品种有茉莉花茶、桂花茶、玫瑰花茶、柚花茶等。花茶主要产地有福州、苏州、南昌、杭州等。

紧压茶（茶砖）：是以黑茶、晒青和红茶的副茶为原料，经蒸茶、装模压制而成。著名的黑茶有安化黑茶等。

如果按照茶的色泽，也就是发酵工艺，可分为绿茶、黄茶、白茶、青茶、

---

① 蔡襄：《茶录》，中华书局 1985 年版，第 1 页。

红茶、黑茶。绿茶为不发酵的茶（发酵度为零），黄茶为微发酵的茶（发酵度为10%～20%），白茶为轻度发酵的茶（发酵度为20%～30%），青茶为半发酵的茶（发酵度为30%～60%），红茶为全发酵的茶（发酵度为80%～90%），黑茶为后发酵的茶（发酵度为100%）。

按茶的生长季节，可分为春茶、夏茶、秋茶和冬茶。春茶是指当年3月下旬到5月中旬之前采制的茶叶。春季温度适宜，雨量充沛，再加上茶树经过了冬季的休养生息，使得春季茶芽肥硕，色泽翠绿，叶质柔软，且含有丰富的维生素，特别是氨基酸。不但使春茶滋味鲜活，香气宜人，而且富有一定的保健作用。夏茶是指当年5月初至7月初采制的茶叶。夏季天气炎热，茶树新梢芽叶生长迅速，使得能溶解茶汤的水浸出物含量相对养活，特别是氨基酸等的养活使得茶汤滋味与香气多不如春茶强烈。另外，由于带苦涩味的花青素、咖啡因、茶多酚含量比春茶多，不但使紫色芽叶色泽增加，而且滋味较为苦涩。秋茶就是当年8月中旬至10月中旬以后采制的茶叶。秋季气候条件介于春夏之间，茶树经春夏季生长，新芽内含物质相对养活叶片大小不一，叶底发脆，叶色发黄，滋味和香气显得比较平和。冬茶大约在10月下旬开始采制。冬茶是在秋茶采完后，气候逐渐转冷后生长的。因冬茶新梢芽生长缓慢，内含物质逐渐增加，所以滋味醇厚，香气浓烈。

按茶叶的生长环境，可分为平地茶和高山茶。平地茶芽叶较小，叶底坚薄，叶面舒展，叶色黄绿欠光润。加工后的茶叶条索较细瘦，骨身轻，香气低，滋味淡。高山地带具备茶树喜温、喜湿、耐阴的种植环境，素有"高山出好茶"的说法。随着海拔高度的不同，造成了高山环境的独特特点，从气温、降雨量、湿度、土壤到山上生长的树木，这些环境为茶树以及茶芽的生长提供了得天独厚的条件。因此，与平地茶相比，高山茶芽叶肥硕，颜色绿，茸毛多。加工后之的茶叶条索紧结，骨身肥硕，白毫显露，香气浓郁且耐冲泡。

五、中国传统名茶

在我国的名山大川之间，有着广阔的产茶区。丰富的茶树资源造就了茶叶种类繁多的优势，其中著名的茶叶品种就有数百种之多。下面选择具有代表性的名茶加以简单介绍。

西湖龙井　是绿茶中最著名的品种之一，产于浙江杭州西湖龙井，在绿茶中可算得上是首屈一指的。杭州西湖的群山之间，气候温湿，风调雨顺，云蒸霞蔚，非常适宜茶树的生长。龙井茶的采摘时间及制茶工艺都十分讲究。尤其是清明前采的"明前茶"和谷雨前采的"雨前茶"十分名贵，有"雨前是上品，明前是珍品"之说。龙井的芽叶非常讲究，只有一个芽叶的称为"莲心"，一芽一叶的叫作"祺枪"，一芽二叶的称为"雀舌"。龙井茶的生产历史悠久，在唐代陆羽的《茶经》中已有记载，宋代已将这里出产的茶叶列为贡品。清朝乾隆皇帝下江南时，曾亲临西湖，品尝过龙井茶，饮后赞不绝口，遂将西湖边胡公庙前的18棵龙井茶树封为"御茶"。从此，龙井茶名声大振。传统的西湖龙井有狮峰、龙井、王云山、虎跑泉四个产地，其中以龙井风味的声誉最佳。冲泡后的龙井茶色泽新鲜碧绿，芽叶分明，一旗一枪簇立杯中，观之玲珑剔透，犹如玉液，闻之清香四溢，沁人心脾。

碧螺春　产于江苏太湖边的洞庭碧螺春，是我国名茶种类中的珍品。江苏吴县太湖边的洞庭山，分为东、西两山。这里土质肥沃，气候温和湿润，雨量充沛，是茶树生长的最佳环境。碧螺春茶区别于其他茶的主要特点是种植时，茶树与果树间种，即茶树与桃、杏、李、梅、柿、石榴等交错种植。茶树发芽长叶时能充分吸收其他果树的各种香气，茶吸果香，熏染出了茶树天然的花果清香。另外，长时间的茶果间种，使茶树果树枝丫相连、根脉相通，能够有效地吸收果树的维生素，这些维生素对人体是十分有益的。碧螺春的采摘也讲究

早、嫩、勤、净。一般是清明前开始采摘，谷雨结束，尤以清明前茶最为珍贵。上好的碧螺春，每500克有6万～7万个嫩芽，可见茶叶之细嫩。冲泡后的碧螺春其色由清淡至翠绿再到碧绿，其初由幽香至芬芳再到馥郁，清新淡雅，醇厚味甘，余味久耐。

黄山毛峰　在我国的名山胜地中，黄山以其山势险峻、气象万千而独具盛名。古人有"五岳归来不看山，黄山归来不看岳"之说。名山秀水，地灵物华，优良的地理环境孕育了优质的绿茶名品，产于安徽黄山的毛峰茶，以其细嫩匀齐、叶片表面身披银毫而著称，故名"毛峰"。黄山毛峰是毛峰茶中的极品，是我国"十大名茶"之一。黄山产茶历史悠久，在明代以前就已有声誉，清代中的史料多有所载。黄山毛峰开采于清明前后，采摘时芽叶鲜嫩，形同雀舌，峰毫显露，大小匀称。冲泡后汤色清澈，香味醇厚，风格高雅。

庐山云雾　因出产于山势巍然、云雾缭绕的庐山而得名，由于品质超群，早在宋代就被列为宫廷贡品。庐山种植茶的历史远可追溯到汉朝，由于佛经的传入，庐山一度僧侣云集。东晋时，庐山已经成为佛教中心之一。据史料记载，名僧慧远就曾在庐山一面讲佛，一面种植茶叶。唐朝时，庐山出产的茶叶已经很有名，宋朝时的许多诗词对庐山茶都有表述；到了明代，才有了确定的名称——"庐山云雾"。庐山茶得益于庐山优越的生态环境，含有丰富的蛋白质、维生素等营养成分，冲泡后芳香馥郁，味美醇厚，汤色清明而鲜艳，观之饮之，无不令人回味无穷。

信阳毛尖　产于河南信阳西部山区，是我国极少数产于北方的名贵绿茶之一。信阳毛尖，又称"豫毛峰"。据说信阳毛尖已有近2000年的历史了，为我国"十大名茶"之一。信阳西部山区山势险峻，层峦叠嶂，溪水流云，遍布山间，再加上肥沃的土壤环境，为信阳毛尖的生产创造了优良的天然条件。信阳毛尖外形紧细，多白毛，内质清香，饮后唇齿生香。

滇红功夫茶　是产于我国云南的一种大叶种类型的功夫茶，以外形肥硕、香

味浓郁、金毫显露的风格品质而独具一格，是我国的红茶佳品。云南作为世界上最古老的茶的故乡，滇红功夫的生产却相对晚一些，距今只有不到百年的历史。但滇红功夫在 20 世纪 30 年代一经出口英国等西方国家，即产生了重大影响，甚至被英国女皇视为珍品。20 世纪 50 年代以后，红茶在云南开始大量生产，其中滇红功夫茶就占了总产量的 20%。云南的主要茶区被科学家认为是"生物优生地带"，这里山峦起伏，雨量丰沛，尤其是土地的腐殖物丰富，因此可以说红茶的生产条件得天独厚。与绿茶的紧细鲜嫩不同，滇红功夫肥硕健壮，色泽油润乌亮，金毫显露，冲泡后香气鲜醇，味道浓厚。

宁红功夫茶　产于江西修水，是我国最早生产的功夫茶的名贵品类之一。宁红功夫的生产大约起自清朝道光年间，因修水县及武宁等县古属义宁州，所以出产的红茶被称为"宁州红茶"，简称"宁红"。宁红茶的主要产区在江西的西北边缘，这里有两大山脉绵延其间，地势险峻，雨量充沛，土质肥沃，造成宁红茶树根深叶茂、芽叶肥壮的自然品质。宁红工夫茶色泽红润，外形紧结圆直，冲泡后汤色红亮，香味高扬浓郁。其中，"宁红金毫"是宁红功夫茶中的精品。宁红功夫茶中还有一个特殊的品种，即束茶，因茶叶酷似龙须而又被称为"龙须茶"。它是采用特殊的工艺制成。先选用鲜嫩肥壮的蕨子茶，多为一芽一叶或一芽二叶，萎凋后理齐用白线扎把，用文火慢慢烘干，再用五彩线环绕。冲泡时抽掉五彩线，但扎把的白线不拆，整个龙须茶犹如菊花一样在碗底绽开，茶色红亮，茶花缤纷，具有很强的观赏价值，被人誉为"杯底菊花掌上枪"。

武夷岩茶　是我国传统的乌龙茶，产于我国福建武夷山一带。这里风光秀丽，岩峰耸立，四季云雾缭绕，极适合茶树的生长，可谓岩岩产茶，无岩不茶，因此人们把这里出产的茶称为"武夷岩茶"。武夷岩茶历史比较久远，早在唐代就负有盛名，宋时被皇室列为贡茶，清朝时，因武夷岩茶兼具绿茶与红茶的特色，且茶质温和，开始远销海外，并闻名中外。从唐代开始，武夷岩茶在文人

的笔下就多有记载和描述。武夷岩茶茶条均匀,色泽呈绿褐色。茶泡后香气浓郁,有花兰之幽香,令人回味无穷。在品饮武夷岩茶时也有讲究,茶具要小巧,才易于品味。

图 5-6　普洱茶饼

铁观音　也是乌龙茶中的珍品,产于福建安溪。铁观音以味醇而享誉遐迩。铁观音别名"红心观音""红样观音",产于安溪丘陵低山地带。铁观音原是茶树品种名,由于它适合制成乌龙茶,所以成品的乌龙茶就以"铁观音"命名。安溪的铁观音一年可采春、夏、暑、秋四次,以春茶最优。成品茶呈弯曲条状,壮结沉实,冲泡后香气持久。

普洱茶　产于云南普洱,是远近闻名的黑茶名品。(见图 5-6)它是以优良的云南大叶树种为原料制成的。普洱茶外形肥大粗壮,色泽乌润,茶泡后滋味醇厚。普洱茶被认为具有降血脂、减肥、暖胃、助消化、止渴生津等保健功能,因而近年来在国内外大行其道,在国外还有"美容茶""益寿茶""减肥茶"等美誉。

六、茶具与茶器

饮茶须用茶具,因此茶具作为茶的载体,两者密不可分。新石器时代晚期,神农氏在采集药物的过程中发现茶有神奇的解毒功效,茶的药用价值开始为人们所识。最初人们对茶的认识仅停留在药用价值的阶段,咀嚼茶叶,或把茶与

其他食物混用。当时，人们已经择地而居，生活渐渐地稳定下来，并开始制作简单的陶器。但在当时物质生活并不丰富的情况下，一器多用的现象普遍存在。由此可以想见，在茶饮的最初利用阶段不可能有专用的茶具。如果一定要找寻源头的话，新石器时代的陶罐、陶钵则可以看作是茶具的起源。

茶具，古代亦称"茶器"或"茗器"。"茶具"一词最早出现在汉代。西汉辞赋家王褒《僮约》有"烹茶尽具，酺已盖藏"之语。到了唐代，"茶具"一词在唐诗里已随处可见。如唐诗人陆龟蒙《奉和袭美茶具十咏》曰："客至不限匝数，竟日执持茶器。"著名诗人白居易《招韬光禅师》载："命师相伴食，斋罢一瓯茶。"唐代文学家皮日休《褚家林亭》曰："萧疏桂影移茶具。"宋元之后，"茶具"一词在各种书籍中都可以看到，而且宋代的皇帝还经常用茶器褒奖大臣。由此可见，茶具在宋代是十分名贵的。很多书画家也多有描写茶具的名句。如北宋画家文同有"惟携茶具赏幽绝"；南宋诗人翁卷写有"一轴黄庭看不厌，诗囊茶器每随身"；元代画家王冕有"酒壶茶具船上头"。明初号称"吴中四杰"之一的画家徐贲一天夜晚邀友人品茗对饮时，乘兴写道："茶器晚犹设，歌壶醒不敲。"无论是唐宋诗人，还是元明画家，在他们笔下经常可见"茶具"的诗句，说明在这一时期，茶具已是饮茶活动中不可或缺的一部分。

在古代，"茶具"这一概念所涵盖的范围相较现代要广泛。如唐皮日休《茶具十咏》中所列出的茶具种类有茶坞、茶人、茶笋、茶籝、茶舍、茶灶、茶焙、茶鼎、茶瓯、煮茶等，不一而足。

其中，"茶坞"是指种茶的凹地，"茶人"指采茶者，"茶籝"是箱笼一类的器具，"茶舍"多指茶人居住的小茅屋。古人煮茶要用火炉（即炭炉），唐以来煮茶的炉通称"茶灶"。（见图5-7）史载，陆龟蒙居住松江甫里，不喜与流俗交往，虽有客造门也不肯见，整天只是"设蓬席斋，束书茶灶"。宋代著名诗人杨万里则有"笔床茶灶，瓦盆藤尊"的诗句。茶灶与笔床、瓦盆并列，说明至唐代时，"茶灶"已是日常必备之物了。古时人们将烘茶叶的器具称作"茶焙"。茶焙以竹编

图 5-7　宋·刘松年《撵茶图》

制，外包裹箬叶（箬竹的叶子），因箬叶有收火的作用，可以避免把茶叶烘黄。茶放在茶焙上，以小火烘制，就不会损坏茶色和茶香了。

除了上述茶具之外，古籍中所载的茶具还包括茶鼎、茶瓯、茶磨、茶碾、茶臼、茶柜、茶榨、茶槽、茶宪、茶笼、茶筐、茶板、茶挟、茶罗、茶囊、茶瓢、茶匙……究竟有多少种茶具呢？从陆羽在《茶经·茶之器》可知，当时所用的茶具有 24 种之多。

宋代的饮茶方法与唐代相比，已发生了一定变化，主要是唐人用煎茶法饮茶逐渐为宋人摒弃，点茶法成了当时的主要方法。20 世纪以来，河北宣化先后发掘出一批辽代墓葬，其中在 1 号墓的壁画中有一幅点茶图（见图 5-8），它为我们提供了当时用点茶法饮茶的生动情景。画面正中有一高桌，桌上有黑色托子、白色盏碗、黑白相间的原盒和白色盒。桌前有一火盆，内有火炭，上有白色执壶。桌后左右各一人：左边一人左手端盏托，右手捏一细小棍，搅动盏内之物；右边一人右手执壶将茶倒入盏中。

到了南宋，用点茶法饮茶大行其道。但宋人饮茶之法，无论是前期的煎茶法与点茶法并存，还是后期的以点茶法为主，其法都源自唐代。因此，宋代的饮茶器具与唐代相比大致相同，只是煎茶

图 5-8　点茶（河北宣化辽代墓壁画）

的炉已逐渐为点茶的瓶所替代。宋人的饮茶器具尽管在种类和数量上与唐代并无二致，但宋代茶具更加讲究法度，形制亦愈来愈精美。

至元代，从某种意义上说，无论是茶叶加工，还是饮茶方法，抑或是使用的茶具，都处在上承唐宋下启明清的过渡时期。在元代，采用沸水直接冲泡散形条茶饮用的方法已较为普遍，这不仅可在元人诗作中找到依据，而且还可从出土的元代墓室壁画中找到佐证。

明代茶具，对唐宋而言，可谓是一次大的变革，因为唐宋时人们以饮饼茶为主，采用的是煎茶法或点茶法以及与此相应的茶具。元代时，条形散茶已在全国范围内兴起，饮茶改为直接用沸水冲泡，这样，唐宋时的炙茶、碾茶、罗茶、煮茶器具成了多余之物，而一些新的茶具品种脱颖而出。明代是新式茶具品种的定型时期。从明代至今，人们使用的茶具品种基本上无多大变化，仅仅在茶具式样或质地上有所变化。不过，明代茶具虽然简便，但也讲究制法、规格，注重质地，茶具制作工艺比唐宋时又有很大的进步。特别表现在饮茶器具上，最突出的特点有二：一是出现了小茶壶。如明代最为崇尚紫砂或瓷制的小茶壶，因为"壶以砂者为上，盖既不夺香，又无熟汤气"[1]。二是茶盏的形和色有了大的变化。

清代，饮茶仍然沿用明代的直接冲泡法，陶瓷茶具仍是清代茶具的主流。清代瓷茶具在青花、五彩、单色釉基础上，创新发展了珐琅彩、粉彩瓷茶具。清代的紫砂陶茶具，在继承传统的同时，也有新的发展。除陶瓷外，清代茶具材质更加多样，造型更加丰富。在烹茶过程中，清代对洗茶这一道工序，已不如明代那么重视，明代的"茶洗"已经在清代茶具中消失。但与明代相比清代茶具的制作工艺却有了长足的发展，这在清人使用的最基本的茶具（即茶盏和

---

[1] 参见（明）文震亨：《长物志》，《生活与博物丛书·饮食起居编》，上海古籍出版社 1993 年版，第 442 页。

图 5-9　清乾隆矾红御题诗文茶壶

茶壶）上表现得最为充分。清代的茶盏、茶壶，通常多以陶或瓷制作，以康熙、乾隆时期最为繁荣，以"景瓷宜陶"最为出色。（见图 5-9）清时的茶盏以康熙、雍正、乾隆时盛行的盖碗最负盛名。盖碗由盖、碗、托三部分组成。盖呈碟形，有高圈足作提手；碗大口小底，有低圈足；托为中心下陷的一个浅盘，其下陷部位正好与碗底相吻合。

　　清代康乾年间，江苏宜兴所生产的紫砂陶茶具，在继承传统的同时，又有新的发展，表现为既有著名文人设计样式，又有紫陶工匠大家加工制作，造型丰富多彩，栩栩如生。常见的有梅干壶、束柴三友壶、包袱壶、南瓜壶等，都是集雕塑装饰于一体的佳品，可谓情韵生动，匠心独运，为宜兴紫砂茶壶开创了新风，增添了文化氛围。乾隆、嘉庆年间，宜兴紫砂还推出了以红、绿、白等不同石质粉末施釉烧制的粉彩茶壶，使传统砂壶制作工艺又有新的突破。

七、茶　馆

　　所谓茶馆，就是人们以商业消费行为集中饮茶的场所，古代称为"茶寮""茶肆""茶坊""茶楼""茶房""茶店""茶社""茶铺""茶亭"等。"茶馆"这个名称直到明代才见于文献记载。

　　六朝时期，江南品茗清谈之风盛行。当时有一种既可供人们喝茶，又可供旅客住宿的处所叫"茶寮"。饮茶之风到唐代盛行，唐代封演在《封氏见闻记》卷六《饮茶》载："自邹、齐、沧、棣，渐至京邑。城市多开店铺，煎茶卖之，

不问道俗，投钱取饮。"可见，唐代的城市已有煎茶出卖的店铺。这也是我国茶馆出现之初的情况。

宋代饮茶之风更盛，自京至各州县，到处设有茶坊。北宋建都汴梁后，城内的几条繁华街巷都设有很多茶坊。宋代张择端在《清明上河图》中所画的汴梁城，就有人们茶坊中饮茶的画面。南宋都城临安（今浙江杭州）的茶馆装饰得十分讲究。据宋吴自牧《梦粱录》记载："今杭城茶肆亦如之，插四时花，挂名人画，装点店面。"[①]宋代的茶饮经营相当灵活，除白天营业外，还设有早茶、夜茶，同时还供应汤水、茶点等。宋代茶馆多称"茶坊"，也有叫"茶肆""茶楼"的。元代时一般将茶馆称作"茶房"或"茶坊""茶店"等。明清时茶馆有了更大的发展，城市乡村到处都有。但"茶馆"的名称到明代才出现。如明人张岱在《陶庵梦忆》卷三中有"崇祯癸酉，有好事者开茶馆"的记载。此后，"茶馆"即成为通称。随着我国制茶技术的逐渐提高和饮茶方法的改进，明代城市里的茶馆有了进一步的发展。

清代是我国茶馆发展的鼎盛时期。茶馆不仅遍布城乡，其数量之多，也是历史上少见的。清代的茶馆经营方式呈多样化，有的以卖茶为主，有的兼营点心、茶食、烟酒，还有的兼营说书和演唱的。北方多见大鼓书和评书，南方则偏重只说不唱的纯说书，即评话和讲唱兼用的弹词，一直延续到现代。

我国茶馆文化最兴盛的城市是四川成都。清末成都街巷计有 516 条，而茶馆却多达 454 家，几乎每条街巷都有茶馆。[②]据民国时期的《新新新闻》报道，1935 年，成都共有茶馆 599 家，每天茶客达 12 万人之多，形成一支不折不扣的"十万大军"饮茶之盛况，而当时全市人口还不到 60 万。去掉不大可能进茶馆的妇女儿童，则茶客的比例无疑是一个相当惊人的数字。即便在今天，成都的

---

① （宋）吴自牧：《梦粱录》卷十六《茶肆》，（宋）孟元老等著，周峰点校：《东京梦华录》（外四种），文化艺术出版社 1998 年版，第 254 页。

② 参见傅崇矩编著：《成都通览》，天地出版社 2014 年版，第 216 页。

茶馆恐怕也仍是四川之最、中国之最、世界之最。在成都，闹市有茶楼，陋巷有茶摊，公园有茶座，大学有茶园，可谓处处有茶馆。尤其是老街老巷，走不到三五步，便会闪出一间茶馆来，而且差不多都座无虚席，生意兴隆。究其原因：

图 5-10 卖豆腐脑图

一是市民中茶客原本就多；二是茶客们喝茶的时间又特别长，一泡就是老半天。一来二去，茶馆里自然人满为患。难怪有人不无夸张地说，成都人大约有半数是在茶馆里过日子的。

成都人喝茶讲究舒适、有味。茶馆内卖报的、擦鞋的、修脚的、按摩的、掏耳朵的、卖瓜子和豆腐脑（见图 5-10）的，穿梭往来，服务性的项目花样繁多，也算成都茶馆一景。进得茶馆往竹椅上一靠，伙计便大声打着招呼，冲上茶来。冲茶这功夫是成都茶馆一绝，如同杂技表演。正宗的川茶馆应是紫铜长嘴大茶壶、锡茶托、景瓷盖碗。伙计托一大堆茶碗来到桌前，抬手间，茶托已滑到每个茶客面前，盖碗"咔咔"端坐到茶托上，随后一手提壶，一手翻盖，一条白线点入茶碗，迅即盖好，速度惊人却纹丝不乱，表现出优美的韵律和高超的技艺。

八、茶的生产

我国是茶的故乡，在长期饮茶生活的发展与积累中，逐渐形成了一套完整的种茶、采茶、制茶、鉴茶等工艺和流程。但由于中国的茶种类繁多，制作工艺区别也非常大，如发酵与不发酵、散茶与紧压茶等的区别就相当大。这也是中国茶种类繁多的原因。下面就以云南普洱茶的生产制作程序及工艺为例介绍

茶的制作生产，以达到见一斑而窥全豹的效果。

普洱茶的生产有毛茶、生茶、熟茶之分。采收后的茶菁经萎凋后杀菁、柔捻、晒干制成晒菁毛茶。此时都是生的普洱茶原料，生普洱茶再分级后直接蒸压而成，经过长时间的存放等待，慢慢越陈越香。这是一种自然而然地缓慢形成的原味陈年普洱生茶。熟普洱茶是在此基础上，再经过洒水、渥堆、晾干、筛分制成普洱散茶，然后再经过蒸压成型。整个制作生产过程可以归纳如下：

采茶菁：早在农业社会前期，茶农采茶时高唱采茶歌，一心二叶慢慢采 5～6 心即放入茶袋里，茶叶不会受损折伤，萎凋杀菁较充分，茶质也自然佳。

采茶：采茶的工序不能马虎，既要避免握于手中的茶菁因过多而产生压挤，也不能因茶袋中的茶菁透气不佳而产生上下相压导致略为熟化的现象。再者，茶园采收好的茶菁不宜搁置过久，应尽早拨开萎凋。

杀菁：其主要目的是要让茶叶停止发酵。目前，杀菁大多采用锅式杀菁（古为手工翻炒法），因茶菁经萎凋会失去水分但尚未透彻时，利用杀菁的方式可以使茶叶失水均匀。

揉捻：需要依据茶菁原料老嫩程度之不同，而进行揉捻轻重的调整，目的在于使茶叶经揉捻后形成条形或圆珠状。嫩叶较轻，老叶较重，此时叶菁经杀菁、揉捻后体积已小了许多。

晒干：将揉捻后的茶菁薄薄地摊开，晒至茶叶含水量约为 10%。没有阳光时也可用烘干的方式处理，不过利用阳光晒干的茶叶有其特殊的香味。这是早期普洱茶味道特殊的重要原因之一。

渥堆：此方法于 20 世纪 70 年代由云南省昆明茶厂研究成功。渥堆是将制成的晒菁毛茶泼水，使茶叶因吸收水分而受潮，然后再将毛茶堆成一定的厚度，利用湿热原理过滤掉茶叶中的刺激性因素。渥堆的轻重由水的比例、茶的厚度及时间长短来控制。

晾干：渥堆后的茶叶须适度薄薄地摊开，自然风干，否则会使渥堆过度，

导致茶性变死，如同豆腐变成豆干一般失去活性。

筛选分类：指筛选茶叶分级，一般细分为 10 级。按照茶品及茶型之茶菁级数，依要求而分级分类并无固定或特别的要求。

紧压成型：干燥的散茶经高温蒸软后，依买主所需而紧压成型，有茶饼型、沱茶型、砖茶型、柱茶型、香菇头型等。

第六章
醇厚馥郁的
酒文化

中国是世界上最早酿酒的国家之一。但酒究竟起源于何时，至今还是个谜。我国民间出现了许多关于发明酒的神话传说，并形成了独特的关于酒的民间文学。

晋代江统《酒诰》载："酒之所兴，肇自上皇。或云仪狄，一曰杜康。有饭不尽，委于空桑，郁积成味，久蓄气芳。本出于此，不由奇方。"按此说法，酒的产生似乎与仪狄、杜康等人都没有关系，大概是由于剩饭在温度适宜的时候自然发酵而形成了带有酒精味道的酒。

仪狄和杜康都是古代传说中的人物，古代典籍中也多有记载。相传仪狄为夏禹时人，关于他造酒的记载最早见于先秦时期的史料中。如《世本》曰："仪狄始作酒醪，辨五味。"[1]又如《战国策·魏策二》曰："帝女仪狄造酒，而进于禹。"这里的"酒醪"，即当今的"醪糟"，由糯米经过发酵而成，甘甜温软，口感甚佳，但酒的度数比较低。仪狄把酿造的酒献给大禹，大禹饮后，感觉非常甘美。但大禹认为，仪狄所造的酒能够使人兴奋而忘乎所以，断定后世一定会出现因为饮酒而亡国的事情。于是他下令禁止仪狄造酒。

实际上，殷商时期的人工造酒技术已相当成熟。在殷商时期的甲骨文里就已经出现了"酒"的象形字。当时上层统治者饮酒之风甚盛，史载商纣王"好

图6-1　商纣王酗身荒腆图（晚清《钦定书经图说》）

① （唐）徐坚：《初学记》卷二六引《世本》，中华书局1962年版。

酒淫乐""酒池肉林"，酗酒乱德。（见图6-1）生产的酒可以聚集成为"酒池"，说明我国商代造酒技术已经相当发达，酒的产量也相当可观。至周朝，我国的酿酒技术已发展到相当的水平，酒的种类也很丰富。《周礼·天官·酒正》："酒正掌酒之政令，以式法授酒材。凡为公酒者，亦如之。辨五齐之名：一曰泛齐，二曰醴齐，三曰盎齐，四曰缇齐，五曰沈齐。辨三酒之物：一曰事酒，二曰昔酒，三曰清酒。辨四饮之物：一曰清，二曰医，三曰浆，四曰酏。掌其厚薄之齐，以共王之四饮、三酒之馔，及后、世子之饮与其酒。凡祭祀，以法共五齐、三酒，以实八尊。大祭三贰，中祭再贰，小祭壹贰，皆有酌数。唯齐酒不贰，皆有器量。共宾客之礼酒，共后之致饮于宾客之礼医、酏糟，皆使其士奉之。凡王之燕饮酒，共其计，酒正奉之。凡飨士、庶子，飨耆老、孤子，皆共其酒，无酌数。掌酒之赐颁，皆有法以行之。"因为造酒技术发达，才生产出了不同种类的酒，而不同种类的酒又有不同的用处。

一、杜康造酒

在我国历史典籍中，关于酒的发明，主要有两个传说：一是始于仪狄，二是始于杜康。史籍中对仪狄造酒的记录多一些，而在民间，人们大多把杜康视为华夏酿酒的鼻祖。虽然有关杜康的历史年代至今没有确论，但这并不妨碍历代文人墨客对杜康造酒或杜康酒赋诗文以赞颂。尤其是曹操乐府诗《短歌行》中的"慨当以慷，忧思难忘。何以解酒，唯有杜康"之句，高度赞扬了杜康酒的美妙功效，成为万古流芳的名句。在曹操的诗歌里，"杜康"已经成为中国酒或中国美酒的代名词，与杜康本人已经没有多大关系。几千年来，人们尊奉杜康为"酒神""酒祖"，并立庙祭祀，逐渐发展成为一种酒文化。

杜康到底是什么人，众说纷纭。按照史料的解释，杜康又名"少康"，是夏朝第五代君主。不过，史料中记载，杜康所造的酒是秫酒，就是我们今天所

说的高粱酒。汉代许慎《说文解字·巾部》曰："古者，少康初作箕帚秫、酒。少康杜康也。"我国最早的粮食栽培作物包括黍、稷、粟、稻，高粱（古称"秫"）是后来才出现的。杜康很可能是周秦时期的酿酒名家。由于高粱本身就是很好的酿酒原料，所以他酿出的酒味道格外美好，"杜康"之名也由此远播。

事实上，从"不由奇方"的自然发酵酒到人类能够自己酿酒，经过了一个漫长的过程。在商周时期，我们的祖先已经创造了用酒曲酿酒的方法，使大规模造酒成为可能。《周礼》一书中提到了"五齐、三酒"，可见西周时已经有了不同品类的酒。魏晋时期，我国的酿酒技术有了长足的发展。如北魏贾思勰《齐民要术》详细记载了我国北方民间制曲、酿酒的方法以及用曲、用水酿酒的诀窍。宋元时期出现了蒸馏酒，这是我国古代劳动人民的伟大创举。元代，全国各地涌现出了大量的名酒。据元人宋伯仁《酒小史》一书统计，当时我国南北各地酒坊和私人酿造的名酒就有 100 余种，可谓洋洋大观。

二、五齐三酒

从严格意义上来说，古人所饮之酒与今天的酒是不一样的。古时人们酿出的酒是连汁带滓一起享用的，即《说文解字》所说的"仪狄始作酒醪"。醪，即汁、滓混在一起的酒。这种酒不仅有酒香、酒味，而且吃了还有饱腹作用，也就是酒与饭是一起吃的。不过，这样的酒用酒壶是无法盛装的，必须用敞口的容器盛装，然后用勺子舀出来饮用。这可以从我国四川、河南、山东等地出土的一些汉画像砖或汉画像石的宴饮图中得到佐证。（见图 6-2）

去滓的酒，古人称为"清酒"，在先秦史料中多有记载。至少在周代时我国已经有去掉滓的酒了。清酒的出现大概与用酒祭祀有关。古代人在祭祀时，把酒倒在捆束的茅草上，滓被过滤出来，酒汁则渗了下去，象征着被祖先的神灵饮用了，这个过程叫作"缩酒"或"漉酒"（见图 6-3）。《诗经》中有用清酒祭

祀的诗句，如"清酒既载，以
享以祀"等。随着生产的发展，
剩余的粮食增多，周朝的王室
也开始饮用清酒，但平民百姓
是喝不起的。那么，什么是"五
齐、三酒"呢？据《周礼·天
官·酒正》记载，在周王朝的

图 6-2 汉代宴饮画像砖（四川成都出土）

图 6-3 明·丁云鹏《漉酒图》

服务机构中有酒正一职，专门掌管周天子及其家
族的饮酒之事。酒正首先要"辨五齐之名、一曰
泛齐，二曰醴齐，三曰盎齐，四曰缇齐，五曰沈
齐"。酒糟浮在酒中的为"泛齐"；滓液混合的为
"醴齐"；白色的酒为"盎齐"；丹黄色的酒为"缇
齐"；糟、滓下沉的酒为"沈齐"。"五齐"是周
王室用来祭祀的酒，因此十分讲究。当时，不同
的酒用于不同的祭祀活动，其规定非常严格。酒
正"辨三酒之物，一曰事酒，二曰昔酒，三曰清
酒"。一般学者认为，"事酒"是现酿的新鲜酒，
"昔酒"是放置了一定时间的陈酒，"清酒"是经
过一段时间的陈酿和沉淀后不含有渣滓的酒。也
就是说，"五齐"是按照酒的浓度、清浊分类的，"三
酒"则是按照酿造时间分类的，但都是发酵后可

直接饮用的酒。

先秦到汉唐期间的酒大都和我们今天所饮用的酒不同。当时的酒属于自然发酵酒，酒精度数较低，类似于如今在南方流行的酒酿子一类的酒品。而今天所谓的"白酒"则是一种蒸馏酒，酒精度较高，是宋元以后的发明。明代人李时珍《本草纲目·谷部》记载："烧酒非古法也，自元时始创其法。"

先秦到汉代的酒大致有两类：一类是用重曲酿成的酒。其味厚香浓，酒熟后需要再加一定比例的水，有的兑水后再加曲，甘酸中有辛辣味，这就是当时的烈酒了。另一类是用粮食、水果酿造出的液体，称为"醴"。其味甜，可以供不善饮酒的人饮用。其实，这两种酒的酒精度数都不是很高，所以古人饮酒才会有"斗酒诗百篇"的说法，量大者一次可饮数斗甚至数石，不仅仍可赋诗作文，而且头脑更加兴奋清醒。

三、水酒与白酒

我们今天所说的"酒水"，是含酒精和不含酒精一切饮品的总称。而"水酒"则是广泛流行于我国古代及现今少数民族地区所酿造的低度米酒的总称。

水酒是一种经过发酵的酒，一般以黍、稷、麦、稻等为原料加酒曲经糖化、酒化直接发酵而成，汁和滓同时饮用，古人把它称为"醪"。水酒是我国少数民族酒中品种最多、饮用最为普遍的一类。如朝鲜族的"三亥酒"、壮族的"甜酒"、高山族的"姑待酒"、瑶族的"糖酒"、藏族的"青稞酒"、纳西族的"窨酒"、普米族的"酥理玛"等均属此类。在许多少数民族地区，发酵酒也称为"白酒"，而按照发酵程度的不同，分为甜白酒和辣白酒两类。

白酒是中国特有的一种蒸馏酒，是由淀粉或糖质原料制成酒醅或发酵醪经蒸馏而得。（见图6-4）白酒又称"烧酒""烧春""高粱酒""火酒""老白干""烧刀子"等，酒质无色或微黄，透明，气味芳香纯正，入口绵甜爽净，酒精含量较高，经

贮存老熟后，具有独特的复合香味。我国的白酒历史悠久，工艺独特，在世界诸多酒类中独树一帜。从古至今，白酒在人们的日常生活中都占有十分重要的位置，是社交、喜庆等活动中不可缺少的饮品。

我国白酒的种类繁多，分类的标准和方法也不尽相同，有以原料进行分类的，有以酒精含量高低分类的，也有以酒的特性分类的。但目前最流行的是按白酒的香型划分，一般可分为酱香型、浓香型、清香型、米香型等，另外还有药香型、兼香型、凤型、特型、豉香型、芝麻香型等。在中国白酒酿造史上，

图6-4　明代制酒工艺图
（王纶《本草品汇精要》）

尽管出现过数以千万计的酿造作坊，但是真正形成鲜明风格和流派、又受消费者青睐的却凤毛麟角，由国家权威机构认定的白酒香型品种就更少。目前市场上的白酒主要有以下几种：

酱香型　又称"茅香型白酒，"它是我国特有的酒种，也是世界上少有的蒸馏酒。其特点是香而不艳，低而不淡，香气幽雅，回味绵长，杯空香气犹存。以贵州仁怀的茅台酒为典型代表。

浓香型　将原料进行混蒸混烧、采用周而复始的万年糟发酵而成。浓香型白酒的窖池是肥泥窖，是丁乙酸菌等微生物的良好的栖息地。泸州特曲、五粮液都号称是百年老窖酿成，贮存期为1年。浓香型的特点是饮时芳香浓郁、甘绵适口，饮后回味悠长，可概括为"香、甜、浓、净"4个字。

清香型　其原料除高粱外，还有大麦、豌豆等，使用清蒸工艺、地缸发酵，贮存期是1年。清香型的特点是酒气清香芬芳、酒味纯净，入口醇厚绵软、甘润爽口。以山西杏花村的汾酒为代表，故又有"汾香型"之称。

米香型 米香型的特点是米香清柔、幽雅纯净、入口绵甜、回味怡畅。以桂林的三花酒和全州的湘山酒为代表。

复合香型 兼有两种以上主体香型的白酒为复香型，也称"兼香型"或"混香型"。这种酒的闻香、回香和回味香各不相同，具有一酒多香的特点。贵州董酒是复合香型的代表，还有湖南的白沙液、辽宁的凌川白酒等。

四、中国黄酒

黄酒（见图6-5）是我国的民族特产，属于酿造酒。世界上有三大酿造酒，即黄酒、葡萄酒和啤酒，中国黄酒占有重要的一席。因酿酒技术独树一帜，中国黄酒成为东方酿造界的典型代表。其中，浙派黄酒以浙江绍兴黄酒、阿拉老酒为典型代表，徽派黄酒以青草湖黄酒、古南丰黄酒、海神黄酒等为典型代表，苏派黄酒以吴江市桃源黄酒和张家港市沙洲优黄、江苏白蒲黄酒、无锡锡山黄酒为典型代表，海派黄酒以和酒、石库门为典型代表，北派黄酒以山东即墨老酒为典型代表，闽派黄酒以福建龙岩沉缸酒、闽安老酒和福建老酒为典型代表。中国黄酒采用传统的酒曲制酒、复式发酵的酿造方法，堪称世界一绝。

图6-5 中国黄酒

值得一提的是黄酒在医药方面是很重要的辅料或"药引子"。中药处方中常用黄酒浸泡、烧煮、蒸灸一些中草药或调制药丸及各种药酒。据统计，有70多种药酒是由黄酒作酒基配制而成的。

黄酒也是一种应用广泛的调料，在我国烹饪、饮食文化中占有重要位置。

黄酒酒精含量适中，味香浓郁，富含氨基酸等呈味物质。因此，人们都喜欢将黄酒用作佐料。在烹制荤菜时，特别是熬制羊肉、蒸鲜鱼时加入少许黄酒，不仅可以去腥膻，还能令肉质鲜美。

黄酒是一类以稻米、黍米、玉米、小米、小麦等为主要原料，采用蒸煮、加酒曲、糖化、发酵、压榨、过滤、煎酒、贮存、勾兑等工艺而成的酿造酒。黄酒含有多酚、类黑精、谷胱甘肽等生理活性成分，具有清除自由基、预防心血管病、抗癌、抗衰老等功能。根据科学实验检验，黄酒中的无机盐达 18 种，包括钙、镁、钾、磷、铁、锌等。黄酒中维生素 B、维生素 E 的含量十分丰富，且富含功能性低聚糖。这些低聚糖是物料在酿造过程中经微生物酶的作用而产生的。功能性低聚糖进入人体后，几乎不被人体吸收，也不产生热量，但可促进肠道内有益微生物双歧杆菌的生长发育，可改善肠道功能，增强免疫力，促进人体健康。

黄酒根据其原料、酿造工艺和风味特点的不同，可以分为以下三种类型：

糯米黄酒　主要产于江南地区，以浙江绍兴黄酒为代表，生产历史悠久。它是以糯米为原料，以酒药和麸曲为糖化发酵剂酿制而成。其酒质醇厚，色、香、味都优于一般黄酒。由于原料的配比不同，加上酿造工艺的变化，形成了各种风格的优良品种，主要品种有状元红、加饭酒、花雕酒、善酿酒、香雪酒、竹叶青酒等。

红曲黄酒　主要产于福建省。红曲黄酒以糯米、粳米为原料，以红曲为糖化发酵剂酿制而成。其代表品种是福建老酒和龙岩沉缸酒，具有酒味芬芳、醇和柔润的特点。

黍米黄酒　黍米黄酒是我国北方黄酒的主要品种，最早创于山东即墨，现在北方各地均有广泛生产。即墨黄酒以黍米为原料，以米曲霉制成的麸曲为糖化剂酿制而成，具有酒液浓郁、清香爽口的特点，在黄酒中独具一格。即墨黄酒还可分为清酒、老酒、兰陵美酒等品种。

五、饮酒礼俗

在古代，酒被视为神圣之物，酒的使用更是庄严之事。古人主要将酒用于祀天地、祭宗庙、奉嘉宾等重大场合，由此形成了远古酒事活动的礼仪习俗。随着酿酒业的普遍兴起，酒逐渐成为人们日常生活的饮品，酒事活动也随之广泛，传统的酒礼、酒俗被逐渐程式化，形成较为系统的酒事、饮酒风俗习惯。至今流传在我国民间的"无酒不成席"就是中国饮酒习俗最好的写照。这些风俗习惯内容涉及人们生产、生活的许多方面，其形式生动活泼、姿态万千。

主人和宾客一起饮酒时，要相互跪拜。晚辈在长辈面前饮酒，叫"侍饮"，通常要先行跪拜礼，然后坐入次席。长辈命晚辈饮酒，晚辈才可举杯，长辈酒杯中的酒尚未饮完，晚辈也不能先饮尽。概括来说，古代饮酒的礼仪大致有4个步骤，包括拜、祭、啐、卒爵。一般是先作出拜的动作，表示敬意，接着把酒倒出一点酒在地上，以祭谢大地生养之德，然后仰杯而尽。在酒宴上，主人要向客人敬酒（叫"酬"），客人要回敬主人（叫"酢"），敬酒时还有说上几句敬酒辞，客人之间也可相互敬酒（叫"旅酬"），有时还要依次向人敬酒（叫"行酒"）。敬酒时，敬酒的人和被敬酒的人都要"避席"，即起立。普通敬酒以3杯为度。①

"逢节饮酒"是中国人传承了上千年的饮酒习俗。如端午节饮"菖蒲酒"，重阳节饮"菊花酒"，除夕夜的"年酒"。由此，有人对节日形成的全新解释是，一年之中必须选举一些日子让人们欢聚畅饮，于是便有了节日。我国大部分少数民族都有在年节饮酒的习俗。如朝鲜族的"岁酒"，就是在过"岁首节"前酿造供节时饮用。岁首节相当于汉族的春节。"岁酒"是以大米为主料，配以桔梗、

---

① 参见王赛时：《中国酒史》，山东大学出版社 2010 年版，第 136 页。

山椒、肉桂等多味中药材酿造而成，类似于汉族的"屠苏酒"。朝鲜族认为饮岁酒可避邪、长寿。在一些地方，如江西，春季插完禾苗后，人们要欢聚饮酒；庆贺丰收时更要饮酒。酒席散尽之时，往往是"家家扶得醉人归"。（见图 6-6）哈尼族的"新谷酒"，则是在每年秋收之前酿造。哈尼族按照传统习俗，秋收后每年都要举行一次丰盛的"喝新谷酒"的仪式，以庆祝五谷丰登、人畜平安。

　　除了节日，我国在婚丧嫁娶、生辰寿诞等一些民间礼仪活动中也有饮酒的习俗。婚宴饮酒习俗以我国南方的"女儿酒"为典型代表。此俗早在魏晋时期形成，流传至今。旧时，生活在南方的人家每当生下女儿，在举行周岁纪念的时候，父母便开始酿制一批酒，埋藏于池塘底部或酒窖中，待女儿出嫁之时才取出来，或作为嫁妆的一

图6-6　清·苏六朋《太白醉酒图》

部分，或供宾客饮用。这种酒在绍兴得到继承,后发展成为著名的"女儿红"和"花雕酒"，其酒质与一般的绍兴酒并无显著差别，主要是装酒的坛子比较独特。这种酒坛还在土坯时，就雕上各种花卉图案、人物鸟兽、山水亭榭，等到女儿出嫁时，取出酒坛，请画匠用油彩在其上画"百戏"吉祥图案，如"送子观音""龙凤呈祥""嫦娥奔月"。

　　其他饮酒习俗还有许多，如"满月酒""百日酒""寿酒"等。其中，寿酒是我国各民族给老人祝寿的习俗。我国民间一般把老人的 50 岁、60 岁、70 岁等整岁生日称为"大寿"，要由儿女或者孙子、孙女出面举办，邀请亲朋好友参加。再如"上梁酒"和"进屋酒"。在中国农村，盖房是件大事。盖房过程中，上梁又是最重要的一道工序，故在上梁这天，要办上梁酒，有的地方还流行用酒浇

梁的习俗。房子造好，举家迁入新居时，又要办"进屋酒"，一来庆贺新屋落成，恭贺乔迁之喜，二来祭祀神仙、祖宗，以求庇佑。

六、酒馆与酒旗

图6-7　文君当垆卖酒图（明万历年间刊刻的《琴心记》插图）

在中国古代，酒馆又称为"酒肆""酒楼""酒舍""酒家"等。

早在周朝，就有姜子牙"屠牛之朝歌，卖饮于孟津"[①]的记录。汉代，饮食业繁荣发达，市场上呈现出"民间酒食，殽旅重叠，燔炙满案"[②]的景象。司马相如和卓文君在四川临邛开"酒舍"的故事流传至今，成为千古佳话。（见图6-7）四川彭县出土的汉画像砖"羊尊酒肆"，描绘的即为酒肆贸易的场景。酒肆内有一人，外面站着两个沽酒者：右下角是两个荷酒贩粥者，一人肩荷两酒瓮而坐，一人用独轮车载羊尊而去。整个画面使人看到了东汉酒肆生意兴隆的贸易情景。[③]（见图6-8）唐宋时期，酒店十分繁荣。就经营项目而言，如南宋杭州既有专卖酒的直营店，也有茶酒店、包子酒店、宅子酒店、散酒店、苍酒店等。就经营风味而言，如宋代开封、

---

① （三国蜀）谯周：《古史考》，江苏广陵古籍刻印社1984年版，第7页。

② 王利器校注：《盐铁论》卷六《散不足》，《新编诸子集成》本，中华书局1992年版，第351页。

③ 参见徐海荣主编：《中国酒事大典》，华夏出版社2002年版，第581页。

杭州均有北食店、南食店、川饭店，还有山东、河北风味的"罗酒店"等。在这些酒店中，均以卖酒、供餐为主要营生。有的酒馆以提供酒饮为主，仅供应简单的佐酒小菜，有的还承办各色宴席，由于中国有

图 6-8 羊尊酒肆汉画像砖（四川博物馆藏）

"无酒不成席"的习俗，所以这些高档的酒店也售卖各色名酒。据史料记载，在北宋时期，开封府酒店、酒馆及丰富多彩的饮食店铺林立。档次较高的酒店叫"正店"，多以"××楼"为名。其装饰豪华，门口多设彩楼戏门，进去为数十步的长廊，南、北两廊都是小酒阁，夜间灯火辉煌，妓女云集，招徕顾客。服务对象是达官贵人、文士名流。如东京开封的麦曲院街南有一家"遇仙武"正店，前有楼子后有台，当地人谓之"台上"，是一家上乘的酒店，卖的银瓶酒十分昂贵。在新门里有一家"会仙酒楼"正店，设施齐全豪华。据载，凡来店中就餐喝酒的客人，不问出身等级，若2人对坐饮酒，均配备注碗1副，盘盏2副，果菜碟各5片，水果碗三五只，每次消费的银子可以达到100两左右。①据宋代吴自牧《梦粱录》卷十六记载，北宋东京有名的正店达72户之多，都集中在城市内。这种豪华酒店消费水平高，平民百姓是绝不敢问津的，只能到那些普通的或低级的小酒馆。（见图6-9）这些小酒馆又称"脚店""拍户酒店"，遍布城乡。

古时，酒店、酒馆门口一般都有一个醒目的"酒旗"，亦称"酒望""酒帘""青

---

① 参见（宋）孟元老撰，李士彪注：《东京梦华录》卷二《宣德楼前省府宫宇》，山东友谊出版社2001年版，第15页。

图6-9 宋·张择端《清明上河图》（局部）

旗""锦旆"等，为我国传统餐饮业的一种商业民俗。酒旗早在先秦时期就已使用，和酒馆一样，拥有悠久的历史。据《韩非子·外储说右上》载："宋人有酤酒者……悬帜甚高。"此处"帜"即酒旗。自唐代以后，酒旗逐渐发展成为一种普通的市招，可谓五花八门，异彩纷呈。在诗词文献中随处可见。如唐代诗人杜牧《江南春》："千里莺啼绿映红，水村山郭酒旗风。"再如皮日休的《酒中十饮·酒旗》："青帜阔数尺，悬于往来道。"宋代晏几道则有《浣溪沙》中有"家近旗亭酒易酤"的句子。其中旗亭指酒肆，门外竖着酒旗。

酒旗在古时的作用大致相当于现在的招牌、灯箱或霓虹灯之类。在酒旗上署上店家字号，或悬于店铺之上，或挂在屋顶房前，或干脆另立一根望杆，扯上酒旗，让其随风飘展，以达到招徕顾客的目的。（见图6-10）在宋人张择端所绘《清明上河图》中，有诸多酒店、酒馆在酒旗上标有"新酒""小酒"等字样，做酒旗的旗布

图6-10 明·仇英《南都繁会图》酒楼与酒旗（局部）

一般多为白或青色，但又不限于青、白两色，更有斑斓多彩的彩色酒旗。除文字酒旗之外，古时还有象形酒旗，如把酒壶等画在酒旗上；标志酒旗，即把旗幌做成特别的形状以及晚上的灯幌。不过以文字酒旗最为常见。

七、饮酒行令

中国自古以来所形成的喝酒要行酒令的习俗传承至今，而"酒令"是中国独有的喝酒娱乐的游戏。古人认为，筵席上饮酒的一个重要目的是加强人与人之间的交流，《诗经·小雅·宾之初筵》"举酬逸逸"说的就是这个道理。

据史料记载，酒令在我国的春秋战国时就广为流行了，当时有九种不同的酒令。

大约到魏晋南北朝，酒令就更加丰富起来，而且还与文人的诗词歌赋联系起来。如人们在聚饮时，酒桌上有了作诗的风气，还有对联、连语、格律等文字游戏。著名的《兰亭集序》描写的就是王羲之等一群文人当时在兰亭溪上修禊，作"曲水流觞"之会的景象。（见图 6-11）这种融娱乐与饮食于一体的文人创作形式，也促进了诗歌的发展和完善，为后来我国唐诗、宋词的繁盛发展做出了很大的贡献。当时还有一种酒令，是采用"竹制筹令"，即把竹签当筹，签上面写有酒令的要求，比如作诗、联对，抽到签的人要按照签上的要求去做。到宋代的时候，酒筹变成了纸条，当时叫"叶子"，叶子上画有要求，且说明赏罚。再发展到后来，就有了"叶子戏"。可以说，"叶子戏"就是纸牌的起源；而筹码后来就变成了骨牌，这种骨牌在清末的时候逐渐发展成了麻将，

图 6-11 明·文微明《兰亭修禊图》（局部）

成为另外一种游戏。

我国的酒令发展到后来，种类日益增多，谜语、灯谜、字谜、行令、猜拳等，不一而足。有专家对此进行过专门研究，包括覆射猜拳类 68 种，口头文字类 348 种、骰子类 128 种、骨牌类 38 种、筹子类 78 种、杂类 56 种等，共计六大类 726 种。[①]不过，载于史籍的酒令一般有雅令、四书令，花枝令、诗令、谜语令、改字令、典故令、牙牌令、人名令、快乐令、对字令、筹令、彩云令等之分。

雅令，始见于唐代，是文人学子在酒宴上使用的酒令，以饮用《诗经》等诗句为行令雅趣。四书令，是以《大学》《中庸》《论语》《孟子》四书的句子组合而成的一种酒令，在明清时代的文人宴上，四书令大行其时，用以展观文人的学识与机敏。花枝令，是一种击鼓传花或彩球等物行令饮酒的方式，唐代已流行。这种方式女性用之较多，《红楼梦》第七十五回就有一段"花枝令"的描写。筹令，是唐代一种筹令饮酒的方式，具体是把酒令写到酒筹上，抽到酒筹的人要按照筹上酒令的规定饮酒。如"论筹令""安雅堂酒令"等。筹令最能活跃酒席气氛。

现如今民间流行较广泛的"划拳""猜拳"，在唐宋时期即已流行，当时人称"拇战""招手令""打令"等。划拳中以说吉庆语言较多见，如"一定恭喜，二相好，三星高照，四喜，五金魁，六六顺，七七巧……"充满了欢乐气氛。划拳由于一般不应用诗词歌赋，所以从雅俗的角度来看，这类酒令属于俗令，多为民间百姓使用。

八、一般酒具

酒具就是中国酒文化最原始的载体。酒具一般来说包括盛酒器和饮酒具，甚至包括早期酿造酒的工具设备。随着酒的发展以及社会生产力的不断提高，酒器也在不断发生变化，种类愈益繁多，且其造型之繁、装饰之美都居世界之首。

---

① 参见麻国钧、麻淑云编著：《中国酒令大观》，北京出版社 2001 年版，第 145 页。

　　酒具的种类很多，以材质来看，有金、石、玉、瓷、犀角与竹木等；以形状来看，又有樽、壶、杯、盏、筋与斗等分类。在我国古代，酒具品质的优劣能体现出饮酒人的身份和地位。

　　陶器、青铜器、瓷器等都显示出中华民族的聪明才智。在山东大汶口文化时期的一个墓穴中，曾出土了大量陶制酒器，包括酿酒器具和饮酒器具。到了龙山文化时期，酒器的类型逐渐增加，用途也日益明确，与后世的酒器有较大的相似性。如当时的罐、瓮、盂、碗、杯等都可作为酒器使用。从外形来看，酒杯的种类主要有平底杯、圈足杯、高圈足杯、高柄杯、斜壁杯、曲腹杯、觚（gū）形杯。

　　商周时期，特别是在商代，由于酿酒业的发达，青铜酒器的制作达到前所未有的繁荣。周代饮酒风气不如商代，酒器基本上沿袭了商代的风格。青铜器开始于夏代，在商周达到鼎盛，到了春秋战国时期已经没落。根据出土文物和史籍记载，商周的青铜器共分为食器、酒器、水器和乐器4大部共50类，其中酒器就占24类。按用途分为煮酒器、盛酒器、饮酒器、贮酒器。盛酒器是一种盛酒备饮的容器。其类型很多，主要有尊、壶、区、卮、皿、鉴、斛（hú）、觥（gōng）、瓮、瓿（bù）、彝（yí）等。每种酒器又有多种式样，有普通式样，也有动物造型的，以尊为例，有象尊、犀尊、牛尊、羊尊、虎尊等。饮酒器的种类主要有觚、觯（zhì）、角、斝（jiǎ）、爵、杯、舟等。（见图6-12）不同身份的人使用不同的饮酒器，在当时是有规定的。我国古代还有温酒器、

1. 商代青铜瓿　　　2. 商代青铜斝　　　3. 商代青铜彝

4. 战国青铜壶　　　5. 周代青铜觥　　　6. 周代青铜爵

图6-12　青铜酒器（中国国家博物馆藏）

凉酒器，用于饮酒前将酒加热或冰凉，配以勺，便于取酒，其直到汉代时还非常流行。（见图 6–13）

秦汉之际，南方漆制酒具开始流行。漆制酒具基本上继承了青铜酒器的形制，有盛酒器具、饮酒器具。在饮酒器具中，漆制耳杯是最常见的器型。汉代，人们饮

1.战国凉酒冰鉴（湖南随县
曾侯乙墓出土）

2.西汉四神温酒器（山西太原
尖草坪出土）

图 6–13　古代青铜凉酒器

酒时一般是席地而坐的。酒放在中间，里面放置挹酒的勺，饮酒器具大多也置于地上，故在这一时期酒器形体较矮胖。魏晋时期开始流行坐床，酒具就变得较为瘦长。

中国最发达的酒具应该是瓷器制品。陶瓷大致出现于东汉前后，不管是酿造酒具还是盛酒或饮酒器具，瓷器的性能都大大超越陶器。唐代开始出现大量的金银材质的酒器，华丽端庄，且酒杯形体比以往要小得多（故有人认为唐代出现了蒸馏酒）。另外，唐代出现了桌子，相应地也出现了一些适于在桌上使用的酒具。宋代是陶瓷生产的鼎盛时期，酒器、酒具都十分精美。

明清时期是中国古代瓷制酒器发展的鼎盛时期。明初制瓷业以永乐、宣德年间为最盛，论数量还是质量都超过前代。江西景德镇是陶瓷业的中心，所烧造的白釉、青花瓷器颇为著名，不但享誉国内，而且成为国外贸易的主要商品。此时生产的"斗彩""五彩""冬青"等新品种亦颇负盛名。明代中叶出现了一种新工艺，即景泰年间创世的"景泰蓝"。景泰蓝制品多为帝王将相、高贵显达用作餐具和酒器，成为中国古代酒器发展史上的一朵奇葩。明成化年间，制瓷业有了前所未有的发展，所烧各式酒杯更是技高一筹，被称为"成窑酒杯"。此

时的青花瓷也引人注目，尤其是所绘图案与中国古代绘画艺术融为一体，给人以清淡典雅、明暗清晰的感觉。青花酒器传世颇多，如青花酒壶、青花高足杯和青花压手杯等，均为艺术珍品。

清代，由于康熙、雍正、乾隆三代对瓷器的喜好，中国制瓷业得到进一步发展，瓷器除青花、斗彩、冬青外，又新创制了"粉彩""珐琅彩"和"古铜彩"等品种，可谓五光十色，美不胜收。清代流传在世的精美瓷酒器颇多，最常见的器形有梅瓶、执壶、高脚杯、压手杯和小盅等。如景德镇珐琅彩带托爵杯、康熙斗彩贺知章醉酒图酒杯、青花山水人物盖杯、五彩十二月花卉杯以及各种五彩人物压手杯等，均为清代瓷制酒器精品。

除了瓷质酒器外，明清的帝王显贵们对金银酒器和玉酒器依然钟情不减，爱意有加。明定陵出土的万历御用金托玉爵、金托金爵杯、金箭壶，传世的陆子冈玉卮和合卺玉杯，以及山东邹县明鲁王墓出土的莲花白玉杯等，均为明代酒器佳品。

九、特色酒器

宽泛地说，酒具和酒器本来都属于一类实用器具，前面在介绍酒具时已有叙述。但在中国历史上还有一些材料或造型独特的酒器，虽然不是很普及，但具有很高的文化意义和欣赏价值，如金、银、象牙、玉石、景泰蓝等材料制成的酒器。

角形玉杯　角形玉杯是以玉质的牛角造型的酒杯，首次发现于广州西汉时期南越王墓中，现藏于广州南越王墓博物馆。这件角形玉杯用一整块青玉雕琢而成，整体仿犀牛角的形状，中空可以乘酒。口呈椭圆形，口沿上微残，往下渐收束，近底处为卷索形，回缠于器身下部。杯高18.4厘米，口径5.9～6.7厘米，口缘厚0.2厘米，重372.7克。这件酒器的纹饰十分精美，自口沿处起为一立姿夔龙

图 6-14 汉代角形玉杯（广州越王墓出土）

向后展开，龙体修长，环绕杯身。夔龙的雕刻手法十分精美，由浅浮雕至高浮雕，及底成为圆雕，而且在浮雕的纹饰中，还用单线的勾连雷纹作填空补白。器体轻薄，抛光琢制俱佳，局部有红褐色浸斑。在 2000 年后的今天，玉角杯仍放射出温和恬润的光泽。但是这件玉杯无法直立，饮酒时需一饮而尽。（见图 6-14）

与角形玉杯一样仿动物角的杯子在中国后代发现较多，比较著名的还有唐代何家村牛角杯。唐代以后，这种以动物角为原型的杯子不再多见，且只作为工艺品，供人欣赏。

碧筒杯 也叫"碧筒饮"，据史料记载，我国自三国时期就开始流行碧筒饮，即以茎叶相通的荷叶来饮酒。后受碧筒饮的影响，唐宋时期的工匠们用金、银、玉、瓷、琥珀等质料，模仿荷叶制作出了各种各样的酒杯，俗称"荷叶杯"。荷叶、莲花本为一家，皆具有清热凉血、健脾胃之功效。所以，古代人饮酒特别嗜好"荷叶杯"的碧筒饮。

夜光杯 是一种用玉石加工而成的筒形杯。夜光杯具有良好的通透感，尤其在灯光下，更是晶莹剔透。唐代诗人王翰曾留下"葡萄美酒夜光杯"的千古绝句。

倒流壶 北宋耀州窑出品，被珍藏在陕西省博物馆。壶高 19 厘米，腹径长 14.3 厘米，壶盖是虚设的，不能打开。壶底中间有一小孔，用以注入酒水。小孔与中心隔水管相通，而中心隔水管上孔高于最高酒面，当正置酒壶时，下孔不漏酒。壶嘴下也是隔水管，倒入酒时不会溢出，设计颇为巧妙。

九龙公道杯 产于宋代。分为杯体与杯座两部分。杯体中间有一条雕刻而成的昂首向上的龙，周身绘有八条龙，故称"九龙杯"。杯体与杯座联接处是一块圆盘，底座是空心的。斟酒时，如适度，则滴酒不漏；如超过一定的限量，酒

就会通过"龙身"的虹吸作用，将酒全部吸入底座，故称"公道杯"。

鸳鸯转香壶　是我国古代广为流传的一种神奇的酒具，能在一壶中倒出不同的两种酒来。它创于何代、何人所创均无据可考，但历代都以稀世珍宝传闻于世。

渎山大玉海　专门用于贮存酒的玉瓮，用整块杂色墨玉琢成，周长 5 米，四周雕有出没于波涛之中的海龙、海兽，形象生动，气势磅礴，重达 3500 千克，可贮酒 30 石。据传，这口大玉瓮是元始祖忽必烈在至元二年（1256 年）从外地运来后置在琼华岛上的，用以宴赏功臣。现保存在北京北海公园前团城。

除此之外，还有许多特色酒具，如羊脂白玉杯、翡翠杯、犀角杯、古藤杯、青铜爵、琉璃杯、古瓷杯等，这里不再一一介绍。

十、历史名酒

我国不仅是白酒的故乡，更是白酒生产量最大的国度。自古以来，史载名酒不胜枚举，且很多传承至今。晚近以来，随着经济的发展和人口的增长，白酒生产也日益扩大，名品名酒层出不穷。下面介绍几种历史传承久远、至今还流行的名酒。

茅台酒　产于贵州怀仁茅台镇，这里有着悠久的酿酒历史，但茅台酒究竟起源于何时，目前尚无定论。有专家说，远在汉代这里的枸酱酒就已负盛名。也有人认为，北宋时期，这里生产的大曲酒就很有名气。据史料记载，明代嘉靖年间（1522～1566 年），茅台镇上就出现了烧酒作坊，到 1840 年，全镇已有烧酒作坊 20 多家，耗费的粮食多达 2 万余石，酒的产量也多达 170 吨。这在我国的酿酒史上实属罕见。茅台酒品质佳美，被清代的大儒学家郑珍视为"酒冠黔人国"。1915 年，茅台酒被推选参加在巴拿马举行的万国博览会，并博得了各国专家的好评，初步确定为酒类第一。但由于当时中国在国际上地位很低，几个少数国家和大财团故意压低茅台酒的声誉，使茅台酒屈居第二。1949 年以后，

茅台酒在 1953 年、1963 年、1979 年、1984 年和 1989 年先后五次蝉联国家名酒称号，并获得金质奖。有人作诗赞美它有"风味隔壁三家醉，雨后开瓶十里香"的魅力。茅台酒的成功，除了它独特的酿造方法之外，还与它所处的气候、水土等自然环境有着极大的关系。

汾酒　山西杏花村所产的汾酒也是一款有着悠久历史的名酒。唐代诗人杜牧《清明》诗云："清明时节雨纷纷，路上行人欲断魂。借问酒家何处有？牧童遥指杏花村。"虽然诗中提到的"杏花村"未必就是现在的山西杏花村，但不管怎么说，山西汾阳杏花村出产美酒，看来确是不争的事实。山西汾阳杏花村人除了有精湛的酿酒技艺外，还有着得天独厚的条件，就是村里有一口淳美的古井。此井之水四季温度如一，品之甘冽清新，绵甜芬芳。而汾酒便是得益于此井水酿造而成。

五粮液酒　四川宜宾市酒厂生产的五粮液酒，以独特的原料配方和工艺在酒类生产中独树一帜。它是以高粱、糯米、大米、玉米、小麦等五种粮食作基本原料，采取"续糟配料，混蒸制曲，陈年老窖发酵，原度封坛贮藏"工艺酿成的浓香型白酒。四川大部分地区以种植水稻为主，在习惯上称其他谷物为"杂粮"，因此，五粮液的前身也叫"杂粮酒"。1920 年，当地有个文人叫杨惠泉，品尝了"杂粮酒"后，认为此酒香醇无比，实为绝代佳酿，但其名俗且无雅意，既然用五种粮食精酿而成，不如就叫"五粮液"。此名一出，人皆称好，从此五粮液便流传于世了。

洋河大曲　"名酒所在，必有佳泉。"江苏泗阳出产的洋河大曲就是用当地的美人泉水酿造而成的。洋河镇上的美人泉历史久远，民间至今流传一个美丽姑娘因醉酒落井生成美泉的故事。好酒离不开好水，但有好水还需要优良的酿造工艺。洋河大曲的酿造虽然是沾了名泉好水的光，但现今的洋河酒厂在传承传统的酿酒工艺的基础上，经过不断改进也为此总结出了一套独特的酿酒工艺，加之严格的生产管理，使洋河大曲酒有了"福泉酒海清香美，味占江南第一家"的美誉，且经久不衰。据《宿迁县志》记载，清朝的乾隆皇帝在第二次下江南时，

曾在此建造行宫,一住就是 7 天,喝了洋河大曲之后,赞不绝口,并写下了"味甘香醇,真佳酿也"的赞语。1915 年在全国名酒展览会上获得一等奖,同年参加巴拿马万国博览会并获得金质奖。1923 年,在南洋国际名酒赛会上,获"国际名酒"称号。

剑南春酒　产于四川省绵竹酒厂,是我国历史名酒之一,迄今已有 1200 多年的历史。在唐代,绵竹属于剑南道,绵竹产的剑南烧春为皇帝专享的贡品。相传,大诗人李白年轻时曾在绵竹"解貂赎酒",留下了千古佳话。剑南春酒的前身是绵竹大曲。绵竹大曲在明清之时已远近闻名。早在 20 世纪初,它就多次荣膺"四川名酒"的称号。1949 年以后,绵竹酒厂在原来大曲酒的传统酿造工艺的基础上,通过技术革新,改进工艺和调整原料,酿成了更胜一筹的美酒"剑南春"酒。"剑南春"三个字典雅又含蓄,它指出了美酒是出自剑门雄关之南的天府之国,而"春"字则有地生机勃勃、万物更新之意,真是妙不可言。

古井贡酒　产于安徽亳县古井酒厂,因酒质优美而被称为历史名酒。亳县是我国历史有名的古老都城,是东汉曹操和著名医家华佗的家乡,也是我国著名的酒乡。据史料记载,东汉建安元年,曹操曾向汉献帝上书说,亳州是古老的产好酒的地方,并上表了"九酿酒法"。可见,早在东汉时期,亳州造酒已闻于世。酿古井贡酒用水的井位于亳县西北 20 公里的减店集,此井据传是南北朝时期的遗迹。南朝梁武帝萧衍在位时,曾派大将元树屯率军进取亳县城。北魏元帅樊子鹄命孤独将军守江拒敌。两军鏖战多日,最终孤独将军不能克敌,遂激愤而死。后人为纪念这位将军,在战地修了一座孤独将军庙,并在庙的周围挖掘了 24 眼水井。随着时代的推移,大部分井被泥沙淤塞。只有 4 眼水井还完好无损地被保留了下来。由于这一带多属于盐碱地,水味多苦涩,唯独其中一眼水井水质甘甜,适宜饮用,并能酿出香馨醇厚的美酒。1000 多年来,人们一直取这口古井的水用来酿酒,"古井酒"便因此得名。自明代万历年间至清代的 300 多年间,古井酒被列为进献皇室的贡品,故又得名"古井贡酒"。

泸州老窖特曲 传说有一位善良的老樵夫，为生活所迫，不得不日日出没于深山老林之间。有一天，正当他气喘吁吁进到山里，忽见白、黑二蛇正在相斗。白蛇弱小，黑蛇粗大。老樵夫心想，人间强凌弱、大欺小之事不足为奇，不想动物中也有这种事，于是就挥斧将黑蛇砍死。等到他返回时，天已漆黑。朦胧中忽见一道光线，眼前出现一座宫殿，一位须发皆白的白袍长者，自称"龙君"，将樵夫请入殿中，设宴摆酒，临别时又赠酒一瓶。老樵夫喝得昏昏沉沉，只觉得天晕地转，头重脚轻，不小心被井栏石绊倒，摔了一跤，怀中的美酒掉到了井里。老樵夫醒来时，只闻得井中飘出阵阵酒香。从此，老樵夫以此井之水酿酒为生。他酿的酒清冽甘爽，远近闻名，这就是后来的泸州老窖。而坠瓶之井，就是今日尚在的龙泉井。传说不是史实，但在400多年前，泸州确已有了美酒。至今泸州曲酒厂内还有几个发酵酒窖，是400年前的遗存。用这种窖发酵的酒自然就是"老窖"酒了。"泸州老窖"的名称也由此而来。因该酒具有浓郁的芳香，故属于浓香型酒。1915年，泸州老窖酒在巴拿马万国博览会上获金质奖。1953年被评为全国"八大名酒"之一。以后又连续几次蝉联"全国名酒"称号。

双沟大曲 产于江苏泗洪县双沟镇。双沟地区产酒有着悠久的历史。据载，宋仁宗时，御史唐介被贬，路过泗州，在泗州渡淮河时，留下了《渡淮》诗一首。诗中有两句"斜阳幸无事，沽酒听渔歌"。这说明唐介在这里买过酒喝，而且给他留下了深刻的印象。以此算来，双沟镇生产白酒的历史也有千年之久了。据史料记载，苏东坡也曾路过泗州，夜宿泗州时有挚友章使君前来送甘甜美酒对饮。苏东坡曾作《泗州除夜雪中黄师是送酥酒二首》，其一诗云："使君夜半分酥酒，惊起妻孥一笑哗。"诗中的"酥酒"无疑就是双沟地区的美酒。现在泗洪县生产的双沟大曲，其历史可上溯至清朝年间。乾隆初年，有山西贺某来此，发现这里濒临淮河，且傍镇一段河水尤宜酿酒，附近又出产高粱等杂粮，于是就在双沟镇设立了"贺全德糟坊"，将山西的酿酒技艺与当地的条件相结合，酿出的酒香浓味美，传遍全国，名声大振。抗日战争时期，陈毅将军曾多次驻足全德糟坊，在品尝了双沟美酒后，

称赞此酒为"天下第一流"。1963 年、1979 年两次被评为"全国优质白酒"。

西凤酒 产于陕西凤翔、宝鸡一带，历史悠久。据载，先秦时这里就有了酿酒作坊。1986 年当地发掘的秦公 1 号大墓中就发现了不少酒器。西凤酒以凤翔县柳林镇所产最为有名。《列仙传》记载，秦穆公的女儿弄玉和她的丈夫萧史均善吹箫，能作凤鸣。后来夫妻二人吹箫引来龙和凤，双双乘龙跨凤飞升而去。西凤酒的商标绘有凤凰图案，据说即与此传说有关。到了唐代，凤翔是西府府台的所在地，称之"西府凤翔"，西凤酒因此而得名。相传，当年的唐高宗品尝了凤翔酒后连连称赞，从此凤翔美酒的名气越来越大。在宋代，大文豪苏东坡任职凤翔，好饮当地美酒，在《游凤翔普门寺》诗中有"花开美酒曷不醉"的赞美。西凤酒香气清芬，幽雅馥郁，过去人们把西凤酒归为汾酒之清香型，实际上它与汾酒并不一样。它酸而不涩，甜而不腻，酸、甜、苦、辣、香五味皆恰到好处。

孔府家酒 山东曲阜的酿酒业历史悠久，据史料记载迄今已有 2000 多年的历史。而孔府酿酒则始于明代，其酿酒技术既传承了历史上"鲁酒"的古风，又有孔府独特的风格。孔府酿造的酒开始专为祭孔使用及自己家人饮用，故被后人称为"孔府家酒"，后因孔府中来往的客人、达官贵人较多，又逐步转为宴席饮用。清朝的乾隆皇帝曾八次到曲阜祭孔，多次饮用孔府家酒，每每连连赞赏酒味美好。孔府家酒在清朝年间还被衍圣公带进了宫廷，成为皇室的专用酒之一。由于曲阜西关的羊羔也很肥嫩，一度成为贡品，因而在孔府有"羊羔美酒"之称。

第七章
多姿多彩的
饮食器具

饮食器具是广大平民百姓日常生活用品，它是中华民族饮食文化中极其重要且极富民族文化特色的组成部分，承载着中华民族独特的饮食文化思想和生活审美情趣。饮食器具的变化与发展体现了中华传统饮食文化的历史变迁。我们的祖先创造发明的陶器、青铜器、铁器、瓷器、金银、竹木等不同材料的饮食器具，充分展示出了中国饮食器具的发展经历了一个由萌芽到成熟、由简单到复杂、由粗犷到精致的漫长过程。可以说，饮食器具是中国传统饮食文化发展的物质基础，也是中华民族饮食文明进程的历史写照。

今天的历史学研究者习惯上把中国饮食器具的发展大致分为四个阶段，分别是石器时代、夏商周时代、秦汉魏晋南北朝时期、唐宋元明清时代。

石器时代，是指文字出现之前的历史时期，就是我们通常所说的原始社会，也叫作"史前时期"。石器时代的前期，人们以打造石器工具为主，称为"旧石器时期"。后来人们在此基础上开始磨制石器，同时又发明了陶器，称为"新石器时期"。应该说，原始的"石上燔谷"还不能够算是真正意义的炊具，但陶器的出现，标志着人类进入到了炊食器的应用期。陶器的发明与使用在距今1万年左右，一直延续到我国的商周时期青铜器的出现。

青铜器时代，也就是夏商周时期。青铜器的发明与使用，开创了中华民族饮食器具制作的新天地，由此促进了饮食文化的进步与发达。在这个阶段，炊具、盛食具、进食具、储藏食物的用具都一一齐备。一些大型饮食器具后来发展成为礼器，进入青铜器时代的鼎盛期。（见图7-1）

进入春秋战国时期，伴随着铁器的出现，开始了封建社会的历程。尤其是在汉代以后，我国冶铁技术

图7-1 春秋出土青铜炊食具一组

飞速发展，铁质农具被大量使用，促进了社会生产力的发展，铁质的炊食具也大量出现，由此我国传统的饮食文化进入了一个高水平的发展阶段。铁质饮食器具的制作与青铜器有很大的区别，包括形状、组合、使用方式等都发生了很大的变化。但饮食器具的类别大致相同，只是在原有基础上进一步细化。我们今天的饮食习惯，几乎是在传承唐宋以后瓷器饮食器具、饮食风格基础之上逐步形成的。

一、炊 具

炊具，一般来说，是指烹饪食物时及厨房里其他工作，所使用的器具。我国古代炊具主要有灶、鼎、镬、甑、甗、鬲、釜等。

灶，是加热最为核心的炊具。最原始的灶是在地上直接挖一土坑，将燃料放入其中，然后在土坑或在坑的上面悬挂其他器具进行烹饪，类似于今天我国南方一些少数民族阁楼中的"火塘"。地下土坑的不方便促使人们开始用石块或土坯在地上支垒灶台，灶开始由地下上升到地上，这就是至今农村还在使用的火灶。人类进入新石器时期，随着陶器的发明和使用，开始出现了陶烧的可以整体移动的灶，并且被人们沿承下来，直至秦汉以后还有大量的使用。但秦汉以后，移动的单体陶灶开始演变成为可以整体移动的炉。因为

图7-2　汉代出土陶灶

图7-3　汉代出土陶灶

灶和炉的传承关系，后来人们就习惯把灶和炉称为"炉灶"，这一称谓一直沿用至今。（见图7-2、图7-3）

　　鼎，最早是陶制的，殷周以后开始用青铜制作。鼎腹一般呈圆形，下有三足，故有"三足鼎立"之说。鼎的上沿有两耳，可穿进棍棒抬举，可在鼎腹下面烧烤。鼎因用途不同而有大小之别。古代常将整只禽畜等放在鼎中烹煮，足见其容积较大。鼎在古代主要是用来煮肉和调和五味汤羹的。（见图7-4、图7-5）夏禹时的九鼎象征着国家的最高权力，只有得到九鼎才能成为天子，此时青铜鼎已经摆脱了一般炊具的功能而成为祭祀的礼器。秦汉以后，鼎又变成了祭祀桌案上的香炉，至此，鼎完全退出了饮食器具的行列。

图7-4　商代青铜鼎

图7-5　周代青铜圆鼎

　　镬（huò），是一种没有三足的鼎，主要用来烹煮鱼肉之类的食物，与现在的大锅相仿，后来慢慢发展成为今天的双耳炒锅，至今广东等地区的人还把锅称为"镬"。但明代的镬体量较大，以至于发展成了对犯人施行酷刑的一种工具。

　　甑，是蒸饭的用具，与今天的蒸笼、笼屉相似。最早用陶制成，后用青铜制作。其形直口立耳，底部有许多孔眼，置于鬲或釜上，甑里装上要蒸的食物，水煮开后，蒸气透过孔眼将食物蒸熟。所以，甑不能单独使用，必须与鬲或釜组合起来用。

　　鬲（lì），是和鼎相似的一种饮食器具，但它的足是空心的，而且与腹部相通。（见图7-6）这是为了更大范围地接受传热，使食物尽快烂熟。鬲与甑合成一套使用称为"甗"（yǎn）（见图7-7）。鬲只用作炊具，故体积比鼎小。鬲在今天也

已经完全退出了饮食器具的行列。

　　根据制作材料，古代的炊具可以分为陶制、青铜制、铁制等多种类型。普通百姓多用陶制，青铜炊具先秦以前为贵族所用。秦汉以后，由于铁器的大量使用，便出现了炉灶以陶烧、砖垒为主，而其他炊具开始由铁制代替，并出现了陶制、铁制炊具并行使用的局面。实际上，即便是今天电器炊具的广泛应用，陶、铁等材质的炊具依然流行。

图7-6　周代青铜甗（由上甑下鬲组成）

　　古代厨房用具具有简洁、实用的特征，鼎是其典型代表。鼎可以承担多种功能，包括食材加工、加热、烹煮、储藏、盛食、进食等。所以，古人称赞鼎为"调和五味之宝器"。甗也是如此，除用于蒸、煮食物之外，还可以进行焖、炖等，也可以用来储存、盛装食物，或充当餐具，具有灶具、炊具、食器诸多功能。

图7-7　周代青铜鬲

二、餐具

　　餐具就是通常人们说的食器。在我国古代，食器由盛食器和进食器两大部分组成。盛食器，是指人们进餐时用来盛装食品的所有器具，是今天餐具的主要部分，包括盘、盆、碗、盂、钵、豆、俎、案等。其中，盘和碗是盛装食物的最主要的容器。

　　盘子是盛食器中的主要器具，用来盛装菜肴、水果、点心、干果等，是家庭餐桌、祭祀活动、宴饮聚餐必不可少的器具之一，使用非常广泛普遍，流行

时间也最长。历史上，制作盘子的材料也多种多样，除了早期的陶制外，还有青铜、竹木、漆器、金银、瓷器、塑料、钢铁、玻璃等。

碗，是长期以来中国人家最常用的餐具之一。碗比盘小且深，用来盛装粒食制作的饭、羹、汤以及汤羹和各种饭食混合的食品等，使用范围极其广泛。碗的大小不一，品类繁多，在制作材料上与盘相同。在古代与碗类似的还有钵和盂（见图7-8），不仅器

1.陶钵　　　　2.陶盂

图7-8　新石器时期陶制钵、盂

型类似，功能也相近，但后来盂逐渐发展成盛水器，远离了餐具行列，而钵则逐渐发展成为出家僧侣盛饭的专用餐具。盂和钵在日常生活中的使用频率和盘、碗不可同日而语。（见图7-9）

图7-9　马王堆汉墓出土漆木食案、食器

除此之外，餐具还有豆、俎、案、盒、簠、簋等。但秦汉以后，大多数都成为祭祀用品和礼器，这些餐具在今天已不多见。

盛食器之外还有进食器，古今使用最常见的进食器是筷子和勺子。后面的章节内容会详细介绍筷子，故在此不再赘述。勺子，主要分为两种：一种是从汤羹中捞取菜料的用具，也可以充当炒菜时的搅拌工具；一种是专门用来取食、进食的小勺，古代人也称为"匙"，现在也以"汤匙""羹匙"相称，更多人愿意把它叫作"调羹"。古代还有一种和勺类似的匕，但它的一

头是尖的，用来割肉，类似于今天的藏族、蒙古族的餐刀。现在，餐桌上常见的是勺，匕已经退出了餐具行列。

三、火 锅

　　火锅历史悠久，源远流长。由于火锅具有融传统的灶具、盛食具、餐具于一体的特征，有些学者就把火锅的历史和我国出土的 5000 多年前与陶釜配套使用的小陶灶联系起来。但实际上 5000 多年前的陶灶和后世的火锅并不同，它充其量可以算作火锅的滥觞。而和火锅最具有渊源关系的是古代的鼎，但由于鼎的个头较大，与火锅随意移动的特征不符，它们也只能算是火锅的前身。我国出土的春秋战国时期的小型青铜鼎，虽然移动灵活，但仍然不是真正意义上的火锅。直到汉代出现的一种称为"染炉""染杯"的小铜器，或是古代单人使用的小火锅。其构造分为三部分：主体为炭炉；上面有盛食物的杯，容积一般为 250～300 毫升；下面有承接炭火的盘。这在出土的汉画像上即有反映。最有力的证明是 2011 年在江西南昌发掘的西汉海昏侯的墓葬中，出土了一个青铜火锅（见图 7–10），其造型与今天的火锅极其接近。这可以说是我国青铜火锅最早的实物遗存。

图 7–10　汉代铜火锅（江西南昌海昏侯墓出土）

　　在我国的汉魏时期，火锅的使用仅限于上流社会，一般家庭是没有条件使用的。直至唐宋时期，火锅开始广为盛行，尤其在达官贵人家中设宴时，多备火锅。五代时出现了五格火锅，就是将火锅分成五格供客人涮用，所以又称"暖锅"，主要作用是煮肉食用。这种火锅两种：一种是铜制的，一种是陶制的。在元代，火锅流传到蒙古一带，用来煮牛羊肉。

还有一种说法是忽必烈大军西征时士兵用铜盔架火煮食发明了火锅。不过这种说法与史实不符，只能是晚近火锅使用的一种。到了清代，各种涮肉火锅已成为宫廷冬令佳肴。

火锅，古称"古董羹"，因投料入沸水时发出的"咕咚"声而得名。在整个火锅演变史上，描写火锅最为传神的是南宋林洪《山家清供》中关于涮兔肉片的描述。当时，林洪前往武夷山拜访隐士止止师，止止师住在武夷山九曲中之第六曲仙掌峰。当林洪快到山峰时，下起了大雪，只见一只野兔飞奔于山岩中。由于下雪岩石变得很滑，野兔滚下石来被林洪抓到。林洪想烤来吃，便问止止师会不会烧兔肉。止止师回答他说："我在山中吃兔子是这样的：在桌上放个生炭的小火炉，炉上架个汤锅，把兔肉切成薄片，用酒、酱、椒、桂做成调味汁，等汤开了将肉片涮熟，蘸着调味料吃。"利用这样涮熟的吃法，林洪觉得甚为鲜美。同时，能在大雪纷飞的寒冬中，与三五好友围聚一堂谈笑风生，随兴取食，林洪感到非常愉快，因而为这样一种吃法取了个"拨霞供"的美名，取当时"浪涌晴江雪，风翻晚照霞"的美丽光景。① 发展到今天，无论是各种肉类还是蔬食，皆可如此涮食。从元、明、清到现今，火锅在器皿上和材质上的变化并不大，只是在制作上更为精致。

火锅是中国所特有的食用食品的方式之一，火锅的圆形设计，使就餐者围成一个圆圈，寓意中国人讲究团圆的传统习俗。另外，火锅也符合清代满族人的饮食习惯。比如嘉庆皇帝登基时，在盛大的宫廷宴席中，除山珍海味、水陆并陈外，特意用了1650只火锅宴请嘉宾，成为我国历史上最盛大的火锅宴。②

一般而言，火锅基本上有三大类别：第一种是汤为淡味，而以涮生片为主，蘸料占重要角色，以涮羊肉及广式打边炉最具代表性。第二种是锅内的料已熟，

① 参见（宋）林洪：《山家清供》上卷《拨霞供》，中国商业出版社1985年版，第10～11页。
② 陈光新编著：《中国筵席宴会大典》，青岛出版社1995年版，第187页。

如砂锅鱼头、羊肉炉等，炉火只是作为保温作用，并用来烫熟青菜等易熟食材。第三种是锅内的料全都熟透了，连青菜也无需再汆烫，炉火完全是用来保温的，和大锅煮菜没有两样。如佛跳墙、复兴锅等大锅菜即属于这类火锅。

四、筷　子

众所周知，人们吃饭的方式一般有三种，即用手指、用刀叉和用筷子取食物。用筷子进食的人群主要集中在中国以及东亚大部分地区。其实，使用筷子虽说是中国人饮食的传统习惯和由来已久的方式，但实际上，勺子和叉子也曾在古代中国扮演过相同的角色。据考古研究证实，中国的先民早在4000多年前就已经开始使用刀叉和勺子进餐了，与今天西方人使用刀叉的历史相比较，早了3000多年，而西餐刀叉传入我国的时间充其量只有200多年的历史。

从先民进入火食和使用陶制的食器开始，饮食就有了主、副食之分，而且主食的粥饭和副食的羹汤都是热的，这些热的食物都不便于直接用手指抓食。所以，人们很早就发明了进食的餐具。在黄河流域发现的新石器时代遗址中，一般都有骨质餐匙出土。黄河下游地区大汶口文化区的居民习惯使用餐匙进食，而且他们的餐匙制作大都十分精巧，包括一些器形标准的勺形匙，还有一些蚌质餐匙。大汶口文化许多精美的餐匙都被作为随葬品放在了死者的墓中，发掘时常常会看到餐匙握于死者手中。同样，在长江流域也发现了一些新石器时代的骨质餐匙。河姆渡文化居民有最精美的鸟形刻花象牙餐匙和标准的勺形餐匙。其制作主要以兽骨为原料，不过也应该有木制的，只是木制的餐勺可能大多已经腐烂不见。古代进食餐具在形制上可分为勺形和匕形两种。匕是餐勺在古代中国的通名，商周时期的匕首部尖锐，到汉代则改为平头。湖南长沙马王堆1号汉墓出土的彩绘漆木匕（见图7-11），分柄和首两部分，是由整段木头削斫而成，柄为扁条形，首作簸箕形，平头无刃，长41～43厘米。不过发展到后来，匕

从餐具中分化出去，而成为一种短兵器，以至今人甚至不知道匕在古代的名称和功能。

餐叉也起源于新石器时代。从出土的遗存来看，餐叉的使用并不普及。有学者认为，古代餐叉的使用可能与古人的肉食有着不可分割的联系。中国古代把"肉食者"作为贵族阶层的代称，食肉时需要餐叉，餐叉可能是上流社会的专用品，所以当时餐叉的使用不会普及一般民众。下层社会的蔬食者，因为食物中很难见到有肉，所以用不着制备专门食肉的餐叉。

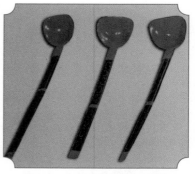

图 7-11　汉代彩绘漆木匕（湖南长沙马王堆汉墓出土）

筷子，被誉为国粹，使用十分广泛，其出现的时间并不比勺晚，这在早期的史料中多有记载。据考古研究发现，年代最早的筷子出自安阳殷墟，为青铜制。在商代晚期和春秋时代的地层里都出土了筷子，有骨制的，也有象牙制作的。汉代墓葬如马王堆出土过竹制的筷子。不过，早期的筷子，无论什么材质，长度一般都较短；宋元时期，筷子略有增长；而到了明清，筷子的形制、长短、粗细已与现代的筷子差别不大了。

作为饮食文化发展的产物，筷子是中华饮食文明的一部分，起源于中国毋庸置疑。著名物理学家李政道在接受外国人的采访时曾说起筷子："如此简单的两根东西，却高妙绝伦地应用了物理学上的杠杆原理。筷子是人类手指的延伸，手指能做的事，它都能做，且不怕高热、不怕寒冻，真是高明极了。"①在餐桌上，手指能够做的事，筷子都能够做到；手指不能做的事，筷子却能够做到。这或许是与筷子几乎同时出现的餐叉、匕、勺之类没有像筷子一样被国人完全地传承下来的原因之一。

---

① 刘云主编：《中国箸文化大观·序》，科学出版社 1996 年版，第 10 页。

　　筷子在很长时间内是被称为"箸"的。在今天我国某些地区的方言中，筷子仍然被叫作"箸""箸子""筷箸"。盛装筷子的器皿被称为"筷筒""筷箸笼""箸笼子"。在我国先秦时期就已经有了关于"箸"的文字记载。如几乎人人皆知的"昔者纣为象箸，而箕子怖"，说的即是商朝末年纣王极为奢侈，吃饭要用象牙筷子，这令太师箕子十分担忧。由于纣王奢靡极欲，以至于荒淫无度，最终导致商朝灭亡。

　　筷子的制作材质主要以木、竹为主，至今我国一般家庭、酒店餐厅使用的筷子仍然以竹木制为主。其他如象牙箸、玉石箸、金银箸等，自古就属于奢华的材质，也只有在王公贵族的餐具中才会出现。现如今，制作筷子的材料，从金银玉石、木竹钢铁到化纤塑料，几乎无所不用。在外形上古今大致相同，通常是一头方形，另一头圆形，圆形的一头用来夹菜。（见图7-12、图7-13）

图7-12　汉代木箸

　　据民俗学家研究表明，由"箸"到"筷"的称呼转变，始于明朝江南一带的民间的忌讳。史料中记载："民间俗讳，各处有之，而吴中为甚。如舟行讳'住'、讳'翻'，以'箸'为'快儿'，幡布为抹布。"[①] 由于明代吴中地区民间船行忌讳说"住"和"翻"，因此人们就将"箸"改名为"快"，意思是船开得快，而不是停住在水中。后来因为当时很多筷子是竹制的，"快"又被加上"竹字头"，筷子的名称就这样传播开来。其实，类似的习俗在我国东南沿海一带尤其流行。由此可见，把"箸"称为"筷"，应该并不限于某一个地区。

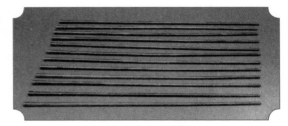

图7-13　唐代银箸

① （明）陆容撰，王仁湘注释：《菽园杂记》，中国商业出版社1989年版，第10页。

　　筷子作为餐桌上的主要餐具，在使用上有很多讲究。如古代人吃米饭时是不能用筷子的，而要用饭勺，筷子是专门用来吃盘中菜肴的，尤其是在吃汤菜时，要用筷子夹其中的菜，如果汤里没有菜，就不需要筷子了。其实，古代许多使用筷子的习俗和礼节一直流传至今。如在摆放位置上，人们总是把筷子整齐地放置于进餐者的右手边；手执筷子的一头要与桌面边缘垂直，不要把筷子用于进食的一端朝向桌外摆放，也不要将一双筷子一正一反并列摆放。在用筷子夹取菜肴时，不要游移不定，也不要旁若无人地乱挑好菜，以夹取自己面前的菜肴为宜。同时，筷子也不要在桌上延伸过长，伸到别人面前夹菜也是不礼貌的行为。用餐完毕后，要将筷子轻轻地放在桌上，不可随意放置，更不可用力猛摔筷子。尤其被忌讳的是将筷子插在饭菜上，古俗认为只有在祭祀先人时才这样做，平时这样插筷很不吉利。

　　中国的特色餐具筷子在其历史发展中也先后传播到周边的国家，如日本、朝鲜、韩国、越南等国，由此形成了东亚地区使用筷子进餐的传统。这些国家使用筷子的习惯延续至今。大约在唐朝时期，中日交流非常频繁，日本使节多次前往长安城学习中国文化，筷子就是在这个时候传到日本的。据记载，唐代派使节到日本，在欢迎宴会上，当时日本的圣德太子就是按照中国的方式使用筷子招待客人的。自此以后，箸在日本逐渐普及。那时的箸在日本被称为"唐箸"，也就是来源于唐朝的意思。

　　作为一种文明餐具，伴随着中国文化在全世界的传播，筷子也愈来愈多地走向世界各地。尤其是到了全球化的今天，使用筷子吃饭进餐，已经不是中国人或者东亚人的专利，使用筷子的西方人越来越多。如美国每年都会从中国进口数千万双竹筷子，法国甚至还设立了"金筷奖"来表彰中餐及亚洲风味餐厅的出色经营者。如今，已有3000多年历史的筷子正在传递着中国特有的饮食文化风情，在世界各地的餐桌上发挥着它的作用。

五、坐席与八仙桌

"坐席""吃大席"，是我国民间尤其是我国北方农村广大地区老百姓对出席宴席活动的称呼。

中国的传统宴席因为起源于早期坐在草编的席或筵上进餐，所以被称为"筵席"，后来又习惯叫"宴席"。今天的宴席活动实际上与早期的坐具已经没有任何关系了。但在许多至今还有火炕的地区，日常就餐或客人聚餐时，都会在火炕上铺设一种用竹篾或苇草编制的席子，叫作"草席"或"竹席"，所以就餐或宴饮也称作"坐席"，体现了筵席的文化传承。

在魏晋南北朝以前，没有桌凳之类的高足坐具，人们都是席地而坐的。魏晋以后，西域人用的马扎和胡床传入中原。到了唐朝时期，人们在胡床的基础

上，经过改进，发展出了桌子和凳子。后世的八仙桌，早在唐代敦煌壁画中就出现了与之类似的"方桌"（见图7-14），但那时并不叫八仙桌。据学者研究表明，"八仙桌"这一名称是在五代时才产生的。而现在有实物可以考证的八仙桌是在辽金时代出现的，这可以从

图7-14　方桌（敦煌莫高窟壁画）

元代的壁画和史料中得到考证。早期的八仙桌是束腰的，马蹄内翻，带有壶门。到了明代，出现圆腿、束腰的八仙桌。清代的八仙桌已没有壶门，添加了拐子龙和一些吉祥图案。

八仙桌，指桌面四边长度相等的、桌面较宽的方桌，大方桌每边可坐2人，

四边围坐 8 人。与八仙桌相配的有 4 个"条凳"或 8 个小"方凳"，总之是坐 8 个人。由于我国民间自古以来就有"八仙"的故事传说，人们于是就把这样的聚餐家具称为"八仙桌"。（见图 7-15）

图 7-15 八仙桌

关于八仙桌的由来，在民间有很多种说法，最著名的传说有两个：其一是说八仙桌来源于吴道子宴请八仙的传说。相传八仙结伴云游天下，有一天路过杭州，听人说杭州有个画圣吴道子，就前来拜访。吴道子正在家中作画，忽见这么多客人来访，连忙上前迎进房内，搬椅子倒茶忙了一通，海阔天空地谈论起来，不知不觉天已暗了下来。吴道子想：难得八仙光临，要招待他们吃饭，吩咐下人准备酒菜。可是这么多人没有一张大桌。吴道子灵机一动，大笔一挥，画出一张四角方方的桌子，正好够坐八个人。大家围桌高高兴兴地吃喝起来。席间，吕洞宾好奇地问吴道子："吴先生，这张桌子叫什么名字？"吴道子想了想说："我为你们而作，就叫八仙桌吧！""八仙桌"之名由此而来。

其二是说八仙桌与"酒中八仙"相关。"酒中八仙"即李白、贺知章、李适之、汝阳王（李）琎、崔宗之、苏晋、张旭、焦遂 8 位文人墨士。他们嗜爱饮酒，供其饮酒做诗的方形桌故名"八仙桌"。

八仙桌在我国的明清时期极为盛行，尤其是清代，无论是达官显贵，还是平民百姓，家中使用的桌子几乎都是八仙桌。

六、食几与食案

在没有发明和使用桌椅的年代，人们用来摆放东西的家具只有几和案，进食的时候则有食几和食案。因为古代的几和案在形式和用途上难以画出界限，人们常常把"几案"并称。不过，古代几和案的用途还是有区别的。一般来说，几是古代人们坐时依凭的家具；案则是人们进食、读书写字、摆放小件物品时使用的家具。关于几和案的实物，从考古发掘情况看，自战国至汉魏的墓葬中几乎每座都有出土，有铜、陶、木等多种质地。（见图7-16）从种类上来分，案的种类有食案、书案、奏案、毡案、欹案；几的种类则有宴几、凭几、炕几、香几、蝶几、花几、茶几、案头几等。由此可知，几案的样式繁多，用途多样。

图7-16　汉代陶案

唐代以后，出现了专门用于宴请宾客时使用的"燕几"，也称为"案几"。其特点是可以随宾客人数多少而任意分合。燕几的造型突出表现为案腿不在四角而是在案的两侧向里收进的位置上。两侧的案腿间大都镶有雕刻各种图案的板心或各式圈心。而几与案多呈长条形，长短大小相差无几，只是形制不同。案几在使用中既可用于放置器物，也可用于宴享。到明清时，案几有了进一步发展，造型独特，用料考究，而且更加重视雕饰。

炕桌是一种可放在火炕、大榻和床上使用的矮桌子。基本样式有无束腰和有束腰两种。有些炕桌造型矮小而精致，称"炕几"或"炕案"，和普通桌子的形状相同，4条腿，高20～40厘米，一般供人们在床上吃饭、写字时使用，十分方便。至今在我国的一些地区，人们仍然习惯把饭桌放在炕上，一家人围着小桌用餐。宴饮聚餐，其乐融融。

在我国古代，早于几案的家具还有俎（zǔ）案。秦汉时期，进餐方式除了席地而坐外，有身份的贵族凭俎案而食。《后汉书·逸民列传》所记孟光对梁鸿"举案齐眉"中的"案"就是古代的食案——俎案。俎的出现可以追溯到龙山文化时期。在山西的一处龙山文化遗址中，出土了一些用于饮食的木案。木案出土时，案上还放有多种酒器。在遗址中还发现了与木案形状相近的木俎，也是长方形，略小于木案。俎上放有石刀、猪排和猪蹄等，这应是放置祭祀牲畜的祭俎。所以，有学者认为，以小食案进食的方式最晚在龙山文化时期便已出现。[①]秦汉以后，俎案被

广泛应用，在汉墓壁画、画像石和画像砖上，经常看到席地而坐、一人一案的宴饮场面。也就是说，我国使用俎案、案几进食、聚餐的历史长达几千年，而使用高腿桌椅宴饮的时间不过千年而已。（见图7-17）

图7-17 汉代漆木案

七、攒盘与食盒

攒盘，又被称为"拼盘""全盘"，是一种盛放食物的器具，由一定数量、各种式样的器具盘拼攒成一个多格大盘，造型多样，有圆形、六方形、八方形、莲花形、梅花形等。攒盘的历史可以追溯到秦汉时漆器组合食盘的时期，但真正在我国民间流行则是在明清年间。清晚期至民国时期，攒盘仍在使用，改革开放前我国民间仍有使用。从文字的本意来看，"攒"有"移动""攒动"之意，也有"聚集"的意思，所以"攒盘"顾名思义就是将可以移动的盘子聚集在一起。史料描述："果盒亦为攒盒，乃盒数个，盘格星罗棋布于中，略似七巧之板，而

---

① 参见徐海荣主编：《中国饮食史》第1卷，第322页。

置种种食品与其内也。"[1] 攒盘成为节令、嫁娶等重要节日和礼仪活动款待宾客的重要器具，是人们传统生活中不可缺少的饮食器物之一。一般而言，攒盘由 4、5、

图 7-18　陶制十格食盒

7、8、9、10、12、16 或 20 多个器具盘组成，也称"四时""五子""七巧""八仙""九子""十成""十二花神""十六子"等。其中又以四子、五子、九子攒盘为多。攒盘为民间盛小菜和茶点之器，既合礼数，又能达意。但民间流行最多的是九子攒盘和七子攒盘两种。（见图 7-18）

九子攒盘，多为方形和圆形器，方形器多为一主四副，圆形器多为一主八副。九子攒盘的排列是由从里到外二到三层大小渐变、方向不同的正方形组成：最里层是 1 个方形的主盘；第二层由 4 个三角形的副盘围绕主盘组成；第三层叫作"边盘"，为紧扣副盘、形体较大的 4 件三角形盘。

传统九子攒盘的每个盘内周边绘青花弦纹一周形成开光，开光内绘山水人物，用不同的角度展现山清水秀，人物绘描细腻，山水清新脱俗，颇具艺术审美风格。七子攒盘与九子攒盘相似，不同之处在于它有 1 个主盘、6 个小盘。在组装和器型上也与九子攒盘相同。

攒盘由于今人的使用减少，甚至已经不用，其本身的实用价值亦不复存在，但却成为收藏家们收藏的对象。

我国古时，一些地方的士绅名流出门访友或参加诗社、文社的活动，与至交把酒言欢，事先都会准备一些看食果品，作为助兴的下酒菜。初春时节，文

---

① 许之衡：《饮流斋说瓷》，《生活与博物丛书·器物珍玩编》，上海古籍出版社 1993 年版，第 44 页。

人士大夫出门踏青郊游，也会携带酒菜食物以备野餐。盛装野餐食物的器具由此诞生，这就是传统的"食盒"。（见图7-19）食盒是专门用来盛放食物、酒菜、筷匙等的便于携带行走的长形抬盒或提盒，制作材质有木、竹、珐琅等，其中又以木质居多，而在南方竹质食盒较为常见。进入明清以来，上层社会对于食盒越加讲究，大

图7-19　手提食盒

量使用紫檀、黄花梨、鸡翅木、酸枝等纹理细密、色泽光润的硬木制作而成，不仅坚固而有韧性，而且具有一定的艺术风格和欣赏价值。做工精巧的硬木食盒，不仅可以做到滴水不漏，而且能充分利用木料固有的纹理色泽，在外观上给人一种典雅庄重之感，可以说是既美观又实用。食盒为古代盛放饭菜食物使用，因有对称横梁可手提，所以称之为"提盒"；也有用担子挑的"挑盒"。明清年间的提盒多为矩形样式，因其流行甚广，而渐渐被文人雅士青睐，以至于被扩用放置笔墨砚台。

八、石磨与石碾

石磨的发明和使用的历史悠久，我国考古工作者已发现大量的远古时代的石磨。（见图7-20）至少在春秋战国时期已经出现了功能完备、型制确定的石磨。据文献记载，石磨最初叫作"硙"（wéi），到了汉代人们才把它叫作"磨"，是一种把米、麦、豆等粮食加工成粉、浆的器具。

图7-20　石磨盘（裴李岗文化遗址出土）

图 7-21　水磨、水击面罗磨粉图（南唐·卫贤
《闸口盘车图》局部）

我国早期的石磨出现于战国至西汉间。这一时期的磨齿以洼坑为主，坑的形状大致有长方形、圆形、三角形、枣核形等，形式多样且极不规则。到东汉三国时期，石磨得到进一步发展，同时这一时期也是磨齿多样化发展的时期。磨齿的形状为辐射型分区斜线型，有四区、六区、八区之分，功能较之先前有了很大的提高。西晋至隋唐是石磨发展的成熟阶段，这一时期磨齿主流为八区斜线型，当然也有十区斜线型石磨。最初使用人力或畜力拉磨，到了晋代，人们才发明了用水作动力的水磨。水磨的动力部分是一个卧式水轮，在轮的立轴上安装磨的上扇，流水冲动水轮带动磨转动，这种磨适合于安装在水的冲动力比较大的地方。若水的冲动力比较小，水量较大，则可以安装另外一种形式的水磨，即动力机械是立轮，在轮轴上安装齿轮，与磨轴下部平装的一个齿轮相衔接，通过齿轮转动带动水磨。这两种形式的水磨构造虽然都比较简单，但应用范围却很广。（见图 7-21）

　　至今在我国民间还流传着"鲁班发明石磨"的故事。鲁班叫公输般，因为他是鲁国人，所以又被称为"鲁班"。据说他发明了木工用的锯子、刨子、曲尺等。在鲁班生活的春秋末，人们要把米、麦倒入石臼里，然后再用粗石棍捣碎，才能获得米粉、麦粉。这种方法不仅费力，而且捣出来的粉有粗有细，数量较少。鲁班想找一种用力少、收效大的方法。于是，他就用两块有一定厚度的扁圆柱

形的石头制成磨扇，下扇中间装有一个短的立轴，用铁制成；上扇中间有一个相应的空套。两扇相合以后，下扇固定，上扇可以绕轴转动。两扇相对的一面，留有一个空腔，叫"磨膛"，膛的外周围一圈磨齿。上扇装有磨眼，磨面的时候，谷物通过磨眼流入磨膛，均匀地分布在四周，被磨成的粉末，从夹缝中流到磨盘上，过罗筛去麸皮就得到面粉了。

石碾，是一种用石头和木材等制作的使谷物等破碎或去皮用的工具，由碾台或碾盘、碾砣、碾框、碾管、碾棍等组成。（见图7-22、图7-23）石碾的工作原理是通过碾砣在碾盘上连续滚动，从而达到把谷物粮食的外皮、硬壳粉碎去掉的效果。相对于石磨来说，石碾是一种更加粗糙的粉碎工具，但在农业社会的人们生活中却有着不可或缺的地位。和石磨一样，石碾是我国历史悠久的传统农业生产工具，也有可以通过人力、畜力、水力等不同方式进行操作，至今在许多农村地区仍在使用。

图7-22 石碾

图7-23 石碾

九、礼食馃模

礼食馃模，在山东胶东地区俗称"饽饽榼子"或"磕子"，有的地方也叫作"食模""食印"等，是我国民间用来加工传统花色面食的一种模具。由于用模具加

工出来的面食都具有礼俗功能，因而民俗学界则把它称为"礼馍"。据史料记载，在我国北方以面食为主的地区，凡过年、过节、婚丧嫁娶、祝寿、祭祀等活动，都要用不同形状的"礼模"制作面食。这些用模具加工的面食主要分为祭品、礼品、食品三类。如猪头、佛手、莲花、寿桃等造型，一般都是作为祭品用的；鲤鱼、莲蓬、飞禽、龙、凤、麒麟等造型多用以礼品与节日食品。

据研究表明，礼食馃模始于秦汉；面食模具早在魏晋南北朝时期民间就已广为流行，如北魏贾思勰在《齐民要术》中就有"将面坯放入刻有禽兽、花鸟的印模内成形"的记载；至隋唐时期已渐成风尚；宋元时广为流传；明清时期，礼食馃模格外繁荣昌盛。晚近以来，由于大机器工业的出现，礼食馃模盛极而衰，承载着厚重的传统饮食文化的礼食馃模也渐行渐远了。

据民间传说，秦始皇东巡胶东半岛时，就曾用麦面制作牛、羊、猪三牲作为供品，但当时是否有模具使用不得而知。其后，民间在祭祖祭神中纷纷效仿并渐成习俗。秦砖汉瓦中的花鸟、人物、动物的面食成型工艺无疑促进了礼食馃模的诞生。在现代发现馃模的遗存实物中，就有陶制的模具，据研究这是汉代人们用来加工祭祀面食品的。

唐代段成式《酉阳杂俎》记述了制作"五色饼法""刻木莲花，藉禽兽形按成之"[1]的过程就是将揉好的面团用雕刻成莲花、禽兽形的礼食馃模经过按压制成面点。由于使用礼食馃模加工制作的面点造型美观、寓意丰富，这些面点有的成为国与国、民族与民族以及亲朋好友之间社交往来的礼品和赠品。在我国新疆吐鲁番唐墓出土的"花式面点"就是用模具加工而成的，充分证明了大唐与西域之间通过丝绸之路进行文化交流与食物交流。宋代孟元老《东京梦华录》载："以油面糖蜜造为笑面儿，谓之'果实花样'，奇巧百端，如捺香方胜之类。"[2]

---

① 参见（唐）段成式撰，方南生点校：《酉阳杂俎》卷七《酒食》，中华书局 1981 年，第 71 页。

② （宋）孟元老撰，李士彪注：《东京梦华录》卷八《七夕》，第 83～84 页。

当时的面点就有"甲胄"人物、"戏曲"人物、"孩儿鸟兽"等多种形状,这些形状的面食都是用模具加工而成的。

明清时期,礼食馃模的地位更加突出。清代皇宫中"大内饽饽房"的"面点模子"是造办处能工巧匠雕刻的物件,其面食模具图案有飞禽走兽、花鸟鱼虫、吉祥文案等,都具有很高的艺术价值。在我国北方,尤其是在山东、山西、陕西等地区,人们不仅创作了几百种吉祥纹饰的木雕礼食馃模,还创造了石雕、陶制礼食馃模以及饽饽印和孩儿印等,堪称中国饮食文化与食品加工艺术的瑰宝。

用于加工面食点心的模具,仅根据收藏家所收藏可知,其花样品种达数百种之多。(见图7-24)有在一块木板上雕刻一个图案的,这些传统图案都寓意吉祥、快乐等。如珊瑚、金银锭、万卷书、犀角、方胜、双胜、古钱、宝珠、如意头、法螺、锭、磬、秋叶、亭台、花篮、花瓶、把壶、葫芦、叶脉、犀角、扇面、芭蕉扇、菊花、梅花、莲花、锦纹、云纹、回纹、南瓜、石榴、寿桃、向日葵、猴子、老虎、狮子、马、鹿、龙、鸡、燕、凤鸟、鱼、虾、青蛙、蝉等。也有在一块木板上雕刻有若干小型图案的。如目前

图7-24 礼食馃模

发现一块木板上雕刻馃模图案达到了36个之多,雕刻精美,堪称艺术佳品。

除了象形图案之外,文字纹饰在礼食馃模中的应用也十分广泛。礼食馃模中的文字以"福""寿""寿""囍"等字为最多;也有"香""月""月宫"之类;"福禄寿喜""福寿康宁""日进斗金""长命富贵"等文字组合也常见。另外,神话传说在礼食馃模中多有表现,如"嫦娥奔月图""八仙过海图""鲤鱼跳龙门"等以传说刻画的模具也颇具艺术价值。

第八章
由来久远的
饮食习俗

中国是一个具有 5000 多年文明史的国家，素有"礼仪之邦""饮食王国"之称，中华民族也以其彬彬有礼的风貌而著称于世。包括饮食礼仪在内的礼仪文明，是中国传统文化的一个重要组成部分，对中国社会历史发展产生了广泛而深远的影响，其内容十分丰富。

人类从"饮毛茹血""生吞活剥"到史前文明，再发展到有各项礼仪活动的文明阶段，经过了一个漫长而又复杂的历史过程。正是在这个漫长的文明进程中，积累了丰富的文化积淀，而其中的饮食文明则是所有文明进程中最为初始的部分。《礼记·礼运》所谓"夫礼之初，始诸饮食"说的就是这个意思。

人类的饮食活动虽然最原始的目的是维持生命的存续，但随着人类文明的进步和经济的日益发展，以饮食活动为中心积累起来的礼仪、礼节、礼俗以及后来皇室的饮食礼乐，所涉及的范围十分广泛，几乎渗透到古代社会的各个方面。实际上，在我们今天了解中国传统文化的海洋里，最应该知道的是我们传统的饮食文化以及饮食礼仪习俗。诸如我们今天为什么普遍遵循一天吃三餐的习俗，而不是其他；我们今天的宴席是从什么时候开始的；古代的宴席都有哪些礼仪讲究；等等。

一、一日三餐

我们今天习惯的一日三餐，大约是在汉代以后才形成的。据史料记载，秦汉以前人们一天只吃两顿饭。那时候由于农业不发达，粮食产量有限，即使两顿饭也要视人而定，也不是所有的人都有东西吃。古人的两餐还有专用的名称：第一顿饭称为"朝食"或"饔"，在太阳行至东南方时，大约是上午10 点就餐；第二顿饭称"飧"或"食"，在申时，也就是下午 4 点左右进餐。对于进餐的时间，古人有"不时不食"的训教，是说在不应进餐的时间用餐

是一种越礼的行为。后来，项羽和刘邦争天下时，项羽听说刘邦已率先到达关中欲称王，据说项羽大怒，当即下令，士兵的饮食由"一日二餐"改为"一日三餐"，借此犒劳将士，激发士气。当刘邦得知此消息后，也把士兵的饮食由"一日二餐"改为"一日三餐"，由此刘邦率领的大军气势倍增。这样的饮食习俗后来从军队传到民间，逐渐成为汉民族的饮食习惯而传承至今。

一日三餐的饮食习惯形成后，人们就把三餐平均分配到一天之中，开始有了早饭、午饭、晚饭的称谓。唐宋时期，早饭又称为"早点"或"点心"，至今我国南方许多地方仍有吃早点的习惯，而广东人则称之为"早茶"，都是这一习俗的传承。在实际的生活中，由于南北差异较大，一日三餐也不是一成不变的。旧时，我国北方由于日照较短，加之冬闲不劳动，民间多保持一日二餐，既健康又节约粮食。而在我国南方的夏天，日照时间长，温度高，人体消耗的能量多，所以南方许多地方至今还有一日四餐甚至一日五餐的习惯。

随着农业社会的发展，一日三餐的饮食习惯逐渐形成了每餐由主食和副食等构成的固定模式。中国传统的主食以谷物为主，在今天看来，是符合饮食科学原理的。

二、家常餐桌礼俗

中国人的饮食礼仪比较发达，也比较完备，而且具有从古到今传承不殆的特点。《礼记·礼运》曰"夫礼之初，始诸饮食"，就充分揭示了饮食文明对整个中华文明发展进程的影响。迟至周代，饮食礼仪已具有一套相当完善的制度。这些食礼在以后的社会实践中不断得到完善，在古代社会和家庭中发挥过重要作用，对现代社会依然产生着积极的影响，成为文明时代的重要行为规范。传统的饮食礼仪礼节大致表现在如下几个方面：

宴饮之礼　有主有宾的宴饮，是一种社会活动。为使这种社会活动有秩序、

有条理地进行，达到预定的目的，必须有一定的礼仪规范来指导和约束。每个民族在长期的实践中都有自己的一套规范化的宴席饮食礼仪。汉族传统的宴饮礼仪程序是：主人持束相邀，到期迎客于门外；客至，先致问候，延请入客厅小坐，敬以茶点，然后导客入席；席中座次以左为首座，相对者为二座，首座之下为三座；二座之下为四座；客人坐定，由主人敬酒让菜，客人以礼相谢；宴毕，导客入客厅小坐，上茶，直至辞别。席间斟酒上菜也有一定的规程。一般规范的程式是：斟酒由宾客右侧进行，先主宾，后主人；先女宾，后男宾；酒斟八分，不得过满。上菜先冷后热，热菜应从主宾对面席位的左侧上；上单份菜或配菜席点和小吃要先宾后主，上全鸡、金鸭、全鱼等整形菜时，不能把头尾朝向正主位，民间有"鸡不献头，鱼不献脊"之说。

待客之礼 如何以酒食招待来访的亲朋好友，历来都有详细的礼仪条文。首先，安排筵席时，肴馔的摆放位置要按规定进行。带骨肉要放在净肉左边，饭食放在用餐者左方，肉羹则放在右方。脍、炙等肉食放在稍外处，酱醋等调味品则放在靠近面前的位置，酒浆也要放在近旁，葱末之类可放远一点。如有肉脯之类，还要注意摆放的方向，左右不能颠倒。这些规定都是从用餐实际出发的，并不是虚礼，主要还是为了取食方便。其次，食器饮具的摆放、端菜的姿势、重点菜肴的位置等，也都有规定。如上整尾鱼肴时，一定要使鱼尾指向客人，因为鲜鱼肉由尾部易与骨刺剥离。再次，待客宴饮并不是将酒肴摆满即可，而是要引导与陪伴宾客就餐。

尊老之礼 中国传统的酒席一向有尊老的礼仪习俗。陪伴长者饮酒时，酌酒时必须起立，离开座席面向长者拜礼。长者示意后，少者才返回入座而饮。如果长者举杯一饮未尽，少者不得先干。侍食年长位尊的人，少者要先吃几口饭，谓之"尝饭"。虽先尝食，却又不得自己先吃饱，须等尊长者吃饱后才能放下碗筷。少者吃饭时要小口小口地吃，而且要快速下咽，随时准备回复长者的问话，谨防喷饭的发生。凡是熟食，侍食者都要先尝一尝。如果是水果之类，则须让

尊者先食，少者不可抢先。古时重生食，尊者若赐晚辈水果，如桃、枣、李子等，吃完果子，剩下的果核不能扔下，须"怀而归之"，否则便是极不尊重的了。如果尊者将没吃完的食物赐给晚辈，要先都倒在自己所用的餐具中才可享用。

尊卑之礼　尊卑之礼历来是食礼的一个重要内容。子女于父母，下属对上司，少小对尊长，都要尊重和恭敬。清人张伯行《养正类编》提到了这样的训条："凡进馔于尊长，先将几案拂拭，然后双手捧食器，置于其上，器具必干洁，肴蔬必序列。视尊长所嗜好，而频食者，移近其前，尊长命之息，则退立于傍。食毕，则进而撤之。如命之侍食，则揖而就席，食必视尊长所向。未食，不敢先食。将毕，则急毕之，俟其置食器于案，亦随置之。"[1]传统饮食的敬老习俗大致如此。

图 8-1　祭祀灶神（见《北京风俗图谱》）

商周饮食礼俗中还有一个重要内容，就是在进餐之前要进行祭祀仪式，即餐前祭礼。在当时一般有一定地位的家庭大抵都在进餐前，用食物来荐祭祖先和神祇。这一礼俗，对后世产生了较大的影响，并一直在我国民间传承。至今每年除夕，广大农家一如古代餐前祭礼那样，在供桌上摆满了各色各样的美味食物，虔诚地向自己的先祖和各方神灵祈祷。（见图 8-1）

三、宴席的起源与礼俗

中国宴席植根于中华文明的肥沃土壤中，它是经济、政治、文化、饮食诸

---

[1]（清）张伯行纂辑：《养正类编》卷三《屠羲英童子礼》，中华书局 1985 年版，第 22 页。

因素综合作用的产物。从中国宴席的变迁中可以看出其文化遗产属性。

《礼记·内则》载："有虞氏以燕礼，夏后氏以飨礼，殷人以食礼，周人修而兼用之。"这说明中国宴席至少起源于夏代，经过了夏、商、周三代的完善与发展，已经达到了比较成熟的阶段，至春秋战国时期就已初具规模了。

新石器时代生产水平低下，先民对许多自然现象和社会现象无法理解，认为周围的一切好像有种无形的力量在支配。于是，天神旨意、祖宗魂灵等观念逐渐形成。为了五谷丰登、安居乐业，先民们往往顶礼神明，虔敬考妣，由此产生原始的祭祀活动。统治阶级为了巩固政权，极力宣扬"君权神授"，加剧了先民对鬼神的崇拜，祭祀活动逐步升级，并日渐成习。祭祀时，先民们通常都会摆放物品表示心意，于是祭品和陈列祭品的礼器应运而生，如木制的豆、陶制的鼎等。古代最隆重的祭品是由牛、羊、豕三牲组成的"太牢"，其次是由羊和豕组成的"少牢"，这都是祭祀天神或祖宗用的。至于礼器，则有豆、尊、俎、笾、盘。每逢大祀，还要击鼓奏乐，吟诗跳舞，宾朋云集，礼仪颇为隆重。祭仪完毕后，若是国祭，君王则将祭品分赐大臣；若是家祭，亲朋好友则共享祭品。这都名之为"纳福"。从纳福的形式看，祭品转化为菜品，礼器演变成餐具，已经具有筵宴的某些特征了。

除去祭祀，古代礼俗也是宴席的成因之一。在国事方面，古人有敬事鬼神的"吉礼"、丧葬凶荒的"凶礼"、朝聘过从的"宾礼"、征讨不服的"军礼"以及婚嫁喜庆的"嘉礼"等。在通常情况下，行礼必奏乐，乐起要摆宴，欢宴须饮酒，饮酒需备菜，备菜则成席。如果没有丰盛的肴馔款待嘉宾，便是礼节上的不恭。家事方面，古代男子成年要举行"冠礼"，女子成年要举行"笄礼"，嫁娶要举行"婚礼"，添丁要举行"洗礼"，寿诞要举行"寿礼"，辞世要举行"丧礼"。这些红白喜庆也都少不了置酒备菜款待至爱亲朋，这种聚餐实质上就是宴席了。①

---

① 参见陈光新、王智元编：《中国筵席八百例》，湖北科学技术出版社1987年版，第4页。

　　夏、商、周三代未有桌椅，人们就把芦苇或竹片编织的席子铺在地上席地而坐，所以登堂必先脱鞋。那时的席大小不一，有的可坐数人，有的仅坐一人。一般人家短席为多，所以先民治宴，最早是一人一席。当然宴席的大小也取决于起居条件。

　　除席之外，古时还有筵。两者的区别是：筵长席短，筵粗席细，筵铺于地面，席铺于筵上。时间长了，筵、席二字便合为一词。究其本义，乃是最早的坐垫。所以，从筵席含义的演变上看，它先由竹草编成的坐垫引申为饮宴场所，再由饮宴场所转化成酒菜的代称，最后专指宴席。

　　商周时期，不仅宴席种类已经非常发达，而且宴席礼仪也已非常完整备。史籍中所记述的"乡饮酒礼""敬老之礼"主要发生在西周乡民之间，王府贵族的宴席则有"燕礼"和"公食大夫礼"。"燕礼"就是国君宴请群臣之礼。燕礼中使用的餐具饮器、菜肴点心、饮料果品之类，均因参加宴席者地位的不同而有差别。即便是民间举行的"乡饮酒礼"，宴席也有规格和礼数，史料多有记录，不多赘述。①

　　无论是远古时期众人围塘火而坐，还是商周时期的各种宴席活动，都是把食物分给每个人，分而食之。直至汉唐时期，即便有了几案，也是每人一几或一案，几案上摆满美馔佳肴。宴席活动一直盛行分餐制。据研究成果表明，我国宴席由分餐形式向合餐形式的转变大约始于唐代后期，经过了一段时间的演变和改进，直至宋代才逐渐普及，并延续至今。

　　从目前所发掘出的汉墓壁画、画像石和画像砖上可以看到，汉代时人们聚餐席地而坐、一人一案或一几的宴饮场面。（见图8-2）人人熟知的"鸿门宴"中实行的就是分餐制。在宴会上有项王、项伯、范增、刘邦、张良等人，一人一案，每案上的食物菜肴几乎相同，分别摆放在各自的面前取食，是一种典型的分餐

---

　　① 参见陈光新、王智元编：《中国筵席八百例》，第4页。

而食的形式。①

　　魏晋时期，北方少数民族进入中原地区，汉族由于受到胡人生活习惯的影响，饮食生活方面发生了一些新变化。床榻、胡床、椅子、凳子等坐具相继问世，逐渐取代了铺在地上的席子。唐宋时期，人们把各种桌、椅、屏风和大床等陈设在室内，聚餐人完全摆脱了席地而

图8-2　汉代宴饮图（汉画像砖）

食的传统习俗。由于使用桌椅举宴进餐时，人们感到身体舒适，于是使用桌椅的聚餐活动大为流行，并且形成了新的宴饮习惯，人们围坐一桌进餐也就顺理成章了。（见图8-3）直至宋末明初，八仙桌的出现大大地促进了由分餐制逐渐向合餐制的转变。但至少在两宋时期，宴席的分餐形式仍然与合餐制同时存在。

图8-3　宋·《十八学士夜宴图》（局部）

　　在宋代，社会经济发展，饮食市场繁荣，名菜佳肴层出不穷，围桌合食不可阻挡，合餐制逐渐普及。

　　我国传统的宴席，无论分餐还是合餐，礼仪规矩是不可或缺的。所谓"无礼不成席"就是对宴席礼仪的高度概括。宴席礼仪内容有很多，但最主要的是表现在座次方面。

① 参见陈光新、王智元编：《中国筵席八百例》，第4页。

在宴席座次的安排上，我国向来有"以东为尊"的传统，此礼俗在先秦时已经形成。据记载，天子祭祖活动是在太祖庙的太室中举行的，神主的位次是太祖，东向，最尊；第二代神主位于太祖东北，即左前方，南向；第三代神主位于太祖东南，即右前方，北向。主人在东边面向西跪拜。这反映出当时在厅堂等室内中尊卑位次的排列顺序。如《史记·项羽本纪》载："项王项伯东向坐，亚父范增南向坐。亚父者，范增也。沛公北向坐，张良西向待。"这反映的是以东方位为尊的礼仪习俗。不可一世的项王，当仁不让坐在上位；项伯是他的叔父，地位不能低于他，与他并排东向坐；范增是项羽的重臣，又被称为"亚父"，地位自然在刘邦之上。而此时由于刘邦的军事实力尚不足以与项羽抗衡，所以只能屈居下位，而刘邦的谋臣张良"西向待"，是一个陪席末位的位子。

在我国古代的建筑格局中，无论是官衙府邸，还是一般平民居室，都要有一个居于房屋中间位置的厅堂或是正屋。一般民间住室的正屋也叫"堂屋"。堂是古代宫室或民居的主要组成部分，它位于主要建筑物的前部中央位置，坐北朝南。堂用于举行典礼、接见宾客和饮食宴会等，古人在堂上举行宴饮活动时，大多以面南为尊。其实，在我国不同的时期、不同的地区，宴席中的宾客之位也是不尽相同的。古人以堂为中心两侧的房间叫作"室"，而室有东、西之别。宴席在不同的室举办，客人的尊位也是不一样的。自八仙桌流行以后，一席人数一般为8位。但不论人数多少，均按尊卑顺序设席位，席上最重要的是首席，待首席者入席后，其余的人方可入席落座。中国宴席按入席身份排座次的礼俗影响深远，至今沿袭不改，民间婚嫁喜庆宴席尤为如此。

除了座次安排，在宴席中还有许多礼仪，如菜肴的摆放与顺序、进食的先后顺序等。这些内容在古代典籍中都有详细的记载。例如上菜时，《礼记·少仪》载："羞濡鱼者进尾，冬右腴，夏右鳍，祭膴。"大意是如果鱼是烧制的，以鱼尾向着宾客。但冬天时鱼肚要朝向着宾客右方，夏天则鱼脊朝向着宾客右方。此习俗在民间沿

袭至今，所以民俗有"鱼不献脊""文腹武背"的习俗。

中国古代的饮食礼仪、宴饮习俗对后世产生过很大的影响。中国古代不同阶层的饮食活动都普遍遵循礼的规范，体现着尊卑等级的差别。

四、宫廷宴席

宫廷饮食文化，是中国饮食文化发展史上最具有代表意义的表现形式，是以御膳为重心和代表的一个饮食文化层面，包括整个皇室家族中数以万计的庞大食者群的饮食生活以及由宫廷膳食机构或以宫廷名义进行的宴饮生活。在长达 2000 多年的中国封建社会里，身居皇宫的帝王家族，不仅在政治上拥有至高无上的权力，在饮食上也有着凌驾于千万人之上的优越。因此，帝王拥有最大的物质享受。他们可以在全国范围内役使天下名厨，集聚天下美味。宫廷饮膳、特别是宫廷宴席，凭借御膳房精美珍奇的上乘原料，运用当时最好的烹调条件，在悦目、口福、怡神、示尊、健身、益寿原则指导下，创造了无与伦比的精美看馔，充分显示了中国饮食文化的技艺水准。

由于资料缺失，唐代以前宫廷宴席举办的规模、菜肴食品种类与数量等详细情况，已经无从知晓。唐代时期，由于经济的发达和对外文化交流的频繁，宴饮聚会进入变革的时期，由之前的席地而坐上升为坐椅板凳（见图 8-4）。此时为皇家举办的宫廷宴席也进入豪华、精美的发展时期。当时

图 8-4 唐代宴饮图（唐墓壁画）

有一种"烧尾宴",是指士子登科或朝官升迁举行的宴会。据载,景龙三年（709 年），韦巨源官升尚书仆射，在家设烧尾宴奉请皇帝，菜肴食品就多达 58 种，而菜肴制作的精美程度几乎与今天没有区别。兹将烧尾宴的菜肴部分摘录如下：

点心 24 道（略）

菜肴 34 道：光明虾炙、通花软牛肠、同心生结脯、白龙臛、金粟平锤、凤凰胎、羊皮花丝、逡巡酱、乳酿鱼、丁子香淋脍、葱醋鸡、吴兴连带鲊、西江料、红羊枝杖、升平炙、八仙盘、雪婴儿、仙人脔、小天酥、分装蒸腊熊、卵羹、清凉臛碎、筹头春、暖寒花酿醡蒸、水炼犊鲊、五生盘、格食、过门香、红罗钉、缠花云梦肉、遍地锦装鳖、番体间缕宝相肝、汤浴绣丸、冷蟾儿羹。①

宋代，宫廷宴席又有了长足的发展，特别是在南宋时期的临安（浙江杭州）。无论是菜肴的数量，还是菜肴制作的技术水平，都可谓达到了登峰造极的地步。一桌宴席，动辄数十款高档菜肴、饭食，多则有一二百味之巨，令人叹为观止。宫廷宴席以享乐为目的，极尽排场、奢侈之能事。宋人周密《武林旧事》卷九记载了南宋绍兴二十一年（1151 年）十月，宋高宗驾临大将张浚府，张浚设宴款待，其中一些菜谱如下：

脯腊一行：

肉线条子（陈刻"线肉"）、皂角铤子、云梦犯儿、虾腊、肉腊、嬭房、旋鲊、金山咸豉、酒醋肉、肉瓜齑。

……

下酒十五盏：

第一盏：花炊鹌子、荔枝白腰子；

第二盏：嬭房签、三脆羹；

---

① （宋）陶谷撰，李益民等注释：《清异录（饮食部分）·馔羞门》，第 5 ～ 13 页。

第三盏：羊舌签、萌芽肚胘；

第四盏：肫掌签、鹌子羹；

第五盏：肚胘脍、鸳鸯炸肚；

第六盏：沙鱼脍、炒沙鱼衬汤；

第七盏：鳝鱼炒鲎、鹅肫掌汤斋；

第八盏：螃蟹酿枨、嫩房玉蕊羹；

第九盏：鲜虾蹄子脍、南炒鳝；

第十盏：洗手蟹、鯚鱼假蛤蜊；

第十一盏：五珍脍、螃蟹清羹；

第十二盏：鹌子水晶脍、猪肚假江瑶；

第十三盏：虾枨脍、虾鱼汤斋；

第十四盏：水母脍、二色茧儿羹；

第十五盏：蛤蜊生、血粉羹。

插食：

炒白腰子、炙肚胘、炙鹌子脯、润鸡、润兔、炙炊饼、炙炊饼骱骨（"炙炊饼"三字疑衍，陈刻上有"不"字）。

……

厨劝酒十味：

江珧炸肚、江珧生、蝤蛑签、姜醋生螺（陈刻"香螺"）、香螺炸肚、姜醋假公权、煨牡蛎、牡蛎炸肚、假公权炸肚、蟑蚷炸肚。

对食十盏二十分：

莲花鸭签、茧儿羹、三珍脍、南炒鳝、水母脍、鹌子羹、鯚鱼脍、三脆羹、洗手蟹、炸肚胘。①

---

① （南宋）周密撰，傅林祥注：《武林旧事》，山东友谊出版社 2001 年版，第 163～165 页。

可以说，这是一桌汇集了两宋都城名馔佳馐的豪华宴席。

清朝宫廷筵宴种类繁多，各有名目，并非随意举行。除了日常生活饮食之外，都有各自的目的和筵宴名称。清入关前，其先世盛行"牛头宴""渔猎宴"，这些宴会具有浓厚的民族色彩，表现出强烈的渔猎生活特色。入关后，清朝统治者在学习汉制，沿用明代宫廷宴席之时，又将本民族的筵宴形式融入其中。

清宫循明宫宴之例是逐步行之的。顺治元年（1644年），皇极殿之定鼎宴是清入关后的第一次大宴。嗣后，顺治年间又设冬至宴、大婚宴等。为了笼络知识分子，于顺天乡试揭晓次日，必宴主考以下各官及贡士于顺天府。主考各官朝服、贡士吉服入席，此为"乡试宴"，亦名"鹿鸣宴"。为了宣扬皇帝的"恩荣"和"威仪"，尚有殿试传胪次日宴于礼部的"恩荣宴"，皇帝经筵礼成，宴于文华殿的"经筵宴"；临雍礼成，宴于礼部的"临雍宴"。如遇大军凯旋，必赏宴钦命大将军及从征大臣将士于京师。王公大臣、钦命大将军及从征将士，皆按次为序，行酒进馔，此为"凯旋宴"，这是清入关前于崇德年间所创的宴例。为了鼓励和表彰儒臣翰林等官员，每当皇帝钦命编修实录、圣训之期，必在礼部赏宴总裁以下各官，到时群臣朝服预宴，行礼如仪，此为"修书宴"。专门招待文臣学士的宫宴，有每年阳春三月文华殿之"经筵宴"，宴后均赏"红绫饼"，这是承袭唐代之制。康熙年间，清宫宴开始有所改革，入关前的元日宴已有明确改进。据《清史稿·礼志七》记载："元日宴，崇德初，定制，设宴崇政殿，王、贝勒、贝子、公等各进筵食牲酒，外藩王、贝勒亦如之。顺治十年，令亲王、世子、郡王暨外藩王、贝勒各进牲酒，不足，光禄寺益之，御筵则尚膳监供备。康熙十三年罢，越数岁复故。二十三年，改燔炙为肴羹，去银器，王以下进肴羹筵席有差。"这些都反映了清宫宴正在满汉融合和逐渐汉化。

清代最有影响的是众人皆知的"满汉全席"，是清朝宫廷最豪华的盛宴，既具有宫廷菜肴之特色，又具有地方风味之精华，突出满族菜肴与汉族菜点的完美结合。宴席中，有满式烧烤大菜，有火锅、涮锅等，同时又展示了汉族烹调

的特色，扒、炸、炒、熘、烧等兼备，实乃中华菜系文化的瑰宝。满汉全席原是清代宫廷中举办宴会时满人和汉人合作的一种全席。满汉全席上菜一般起码108种，分3天吃完。满汉全席菜式有咸有甜，有荤有素，取材广泛，用料精细，山珍海味无所不包。满汉全席菜点精美，礼仪讲究，形成了引人注目的独特风格。入席前，先上两对香、茶水和手碟；台面上有四鲜果、四干果、四看果和四蜜饯；入席后先上冷盘，然后上热炒菜、大菜，甜菜依次上桌。合用全套万寿粉彩餐具，配以银器，富贵华丽，用餐环境古雅庄重。席间专请名师奏古乐伴宴，沿典雅遗风，礼仪严谨庄重，承传统美德，侍膳奉敬校宫廷之周，令客人流连忘返。全席食毕，可领略中华烹饪之博精，饮食文化之渊源，尽享万物之灵之至尊。

清代发展至康乾盛世，更首创中国古代社会之最大、与宴者最多的宴会——千叟宴。（见图8-5）千叟宴始于清康熙时期。康熙皇帝60岁时举行了清朝第一次"千叟宴"，参加宴会的老人都在69岁以上。乾隆五十年（1785年），乾隆皇帝在乾清宫举行了一场千叟宴，被邀老人有3000多人，乾隆皇帝亲自为90岁以上的寿星一一斟酒。当时最年长的据说有141岁，乾隆和纪晓岚还为这位老人作了一个对子："花甲重开，外加三七月；古稀双庆，内多一个春秋。"上联意为"两个甲子"加上"三七二十一"年，正好是141年；下联意为"古稀双庆"为140岁，再加1年，正好也是141年。堪称绝对。千叟宴是清宫少有的大宴之一，也是各种筵席种举行得最少的一种，康熙、乾隆两朝仅举行过4次，但较其他宴会场面最盛、规模最大、准备最久、耗费最巨。

图8-5 清·汪承霈《千叟宴图》（局部）

五、民间宴席

中国历来有"十里不同风，百里不同俗"之说，各地域饮食文化风格各异、丰富多彩，形形色色的民间宴席就是其代表之一。地方民间宴席是中国传统饮食文化的重要组成部分，由于内容过于庞大，下面我们以山东地方传统宴席为例进行介绍。

山东地方民间宴席丰富多样，名目繁多，各具千秋。仅举目前山东各地流行较广的为例。有与全国各地相似的、以菜肴的主料或主菜为宴席命名的，如燕菜席、燕翅席、全鱼席、鱼唇席、海参席、全鸭席。还有以菜肴的个数命名的，如济南一带民间有"双六席"（六盘、六碗、两大件）、"三八席"（八碟、八盘、八大碗、两大件）。胶东一带则有"四三六四"（四冷荤、三大件、六行件，四饭菜）、"四一六席"（四冷荤、一大件、六行件）、"四二八席"（四冷荤、二大件、八行件）。而且，还有既以菜肴件数命名又富有雅意的"八仙过海席"（八荤八素），取荤素各显其能之意。有的用八小盘、八海碗，八盘八碗各有特色，亦取各显其能之意。有的用纯八种海鲜品制作的八海碗，是"八鲜各（过）海"（碗）的谐音。还有"十全十美席"（十盘十碗）、"四平八稳席"（四冷荤、八行件）、"步步登高席"或"步步高升席"（四冷荤、六盘、八碗）、"五福捧寿席"（五冷荤——大四小为福，十行件或碗）。又有"满堂席"或"满堂红席"，用的是四干果、四鲜果、四茶食、四冷荤、四大件，八行件、插二道点心、四饭菜或带一全锅配四腥（升的谐音）菜，也有把此席称为"喜相逢席"的。因"四"是"喜"的代表，此席"四"字甚多，故名。另外，还有"伴桌头席"，用四干果、四鲜果、四手碟、四茶食，单设桌为品茗吃茶点专用，四冷荤、四铺碟、四大件、八行件、插二道点心、四饭菜。因前者四四一十六件，称为"伴桌"或称"桌头"，故名。除此还有"四季筵席"，分别为"春筵""夏筵""秋筵""冬筵"，皆取春、夏、秋、冬之当地季节的特

产而烹调之。名目之多，举不胜举。以上种种宴席明目，被山东民间灵活运用于喜庆、祝寿、团圆、晋升、送行、接风洗尘等各种场合，既增加了宴席的欢乐气氛，又突出了情趣横生的地方特色。

以上所列举的山东民间宴席，有的已经濒临失传，但其中的大部分还在民间流传。有的甚至得到了不同程度的发展。如山东博山的"四四席"，在博山餐饮业者的努力下，已经通过挖掘整理成为山东省非物质文化遗产项目。

六、"八大碗"

在众多的民间宴席中，有一种叫作"八大碗"的宴席，在中国南北各地都有流行，尤其是在北方地区，几乎各地都有。各地的"八大碗"宴席名称虽然相同，但在菜肴组合方面又各有特色，非常具有文化意味。

所谓"八大碗"，一般是指用于宴客之际，每桌8个人，桌上8道菜，上菜时都用统一的大海碗盛放，摆放呈四面八方形。下面列举几种具有代表性的"八大碗"宴席情况。

河北正定"八大碗"　河北正定的"八大碗"实际上主要是由猪肉制作组成的8碟8碗16道菜。因当时儒家与道家文化盛行，人们崇拜"八"这个数字。当时酒家讲究用八仙桌，每桌坐8个人，上8道菜，都用清一色的大碗。菜肴主要由四荤四素组成。四荤有方肉、酥肉、扣肘、肉丸子等，精选肘子肉、后臀肉加工而成。四素有豆腐、海带、粉条和农家时令菜蔬等。其荤菜均是运用独特工艺先煮后蒸、按照严格的程序和工艺加工制作而成。其技艺主要在选料、刀功、火候的掌握以及配料的选择上下功夫。此宴席至今还在当地流行。

山东滕州"八大碗"　滕州人旧时用黑瓷陶碗，一共8件，大小相同，后来演变成黑瓷、白瓷、铜器和不锈钢器皿并用，现存的老字号饭店仍以黑陶瓷大碗为盛具，以木炭或焦炭为火源，进行蒸煮烹调。"八大碗"的菜名和先后顺序皆

有讲究，一般为一道金鸡，二道银鲤，三道铜肘，四道玉卵，五道酥菜，六道豆腐，七道辣酱，八道清炒。其食材多为鸡、鱼、肉、蛋、土豆条、藕片、辣椒、芹菜、白菜、黄豆芽、绿豆芽等，再配上甜面酱、酱油、食醋、味精等调味品以及香菜、料酒、花椒、小茴香、葱、姜、蒜等佐料。滕州"八大碗"现在已经成为当地富有地方饮食文化特色的代表。（见图8-6、图8-7）

图8-6 滕州"八大碗"

山东临清"清真八大碗" 据当地资料记载说，山东临清"清真八大碗"距今已有700多年的历史了。临清"清真八大碗"除了色、香、味俱佳外，还有三大特色，当地人们称为"一肉二汤三滋补"。"一肉"是指原料以牛、羊肉为主。伊斯兰教倡导食用牛、羊等佳美食物，禁戒"奇形怪状、污秽不洁、性情凶恶、行为怪异等之肉"。"二汤"是指"清真八大碗"注重用汤。由于此民间宴席以汤菜为主，因此很注重汤的运用。其汤有原汤、清汤、白汤。什么食材配用什么汤也是有讲究的，如松花、闷子佐以白汤，清氽丸子佐以清汤，烧肉、炖肉佐以原汤。"三滋补"是说"清真八大碗"不仅都是佳美的食物，而且还具有滋补强身的功用。传

图8-7 滕州"八大碗"之扣江米鸡

统临清"清真八大碗"的菜品包括烧牛肉、炖羊肉、巧阁、松花羊肉、清氽丸子、黄焖鸡、里脊、肉杂拌等。

山西五台山"八大碗" 五台山"八大碗"沿用当地传统寿筵、婚筵之形式，

可分为农家风情荤素筵、佛国特色素斋宴。具体可分为"五盔四盘""八八六六"筵席等。所有菜肴均以手工粗瓷大碗、盘盛放，可8碗成席。五台山"八大碗"菜肴以台蘑、台参、牛羊、野鸡、野兔、蕨菜、苦菜、黄花菜、莜面、玉米、黄米、土豆等为原料。

江南"万三八大碗" 元末明初，沈万三成为江南首富，随入吴中风俗，讲究饮食起居。宾客来访，特聘名厨烹调各式佳肴，用以招待宾客，冠以"万三家宴"，其中就有"八大碗"一种。万三"八大碗"使用青瓷大碗、毛竹筷等作为器皿，菜肴包括万三蹄、三味圆、蚬江水鲜、红烧鳝筒、田螺塞肉、红烧鳜鱼、油卜塞肉、农家鳗鲤菜等，并有万三十月白酒、万三糕、糖芋艿等点心作为配合，具有丰富的地方特色。

北京大厂回族"清真八大碗" 这是流行在北京大长回族居住区的一种富有民族特色的宴席，在当地享有盛名。其发展流传的主要原因有二：其一，回族群众信仰伊斯兰教，按教规不许喝酒，不饮酒就不备菜肴。同时教规教义上提倡节俭，反对铺张。其二，历史上，大厂回族人民生活十分贫苦，而回族人民又十分好客。为此勤劳智慧的回族群众创造了宴席形式"清真八大碗"，既节俭，又能突出宴客的氛围。这"八大碗"中有炖牛肉、炖杂碎、胡萝卜、长山药、海带、醋熘白菜、粉条、丸子、炸豆腐等，以8碗为限，灵活配制。稍富的可上2碗杂碎、2碗肉；穷苦一点的，"八大碗"仅上"菜帽"，下面一律用胡萝卜垫底。其中，炖牛肉、炖杂碎是大厂清真家常菜中的精品。

七、岁时节日食俗

我国的传统节日是在数千年的民族历史发展中逐渐形成并完善起来的，不仅历史悠久、内涵丰富，而且数目众多。民族传统节日中的重要内容之一就是饮食活动，这些节日饮食活动反映出我们民族的传统习惯、饮食风尚、礼仪内

容及道德与宗教观念。节日的饮食习俗是约定俗成的，具有非常强的传承性与延展性，因此具有非常旺盛的生命力。

所谓节日饮食风俗，就是有关在民族传统节日中形成的饮食行为和习惯，一般是指在历代积累与传承的，并在每年固定的节日时间内，在一定的环境和条件下经常反复出现的群体性的饮食行为方式和习惯。在传统的农耕社会生活中，节日习俗的形成具有特别的意义，它凝聚着民族生活特有的情感与寄托，蕴含着一种强大的精神与情感的力量。而其中的饮食习俗与传统伦理社会生活有着密切的联系。因此，节日饮食风俗是考察某一地区或民族的社会历史背景、经济生活、心理素质和文化发展的重要窗口。

中国几乎所有的传统节日都有一种或几种标志性的特色食品。如饺子、年糕、春饼、元宵、麻花、馓子、粽子、月饼、重阳糕、腊八粥等。节日食品常常将丰富的营养成分、赏心悦目的艺术形式和深厚的文化内涵巧妙地结合起来，成为比较典型的节日饮食文化。大致可分为三类：

图 8-8　古代家族祭祀图

一是用作祭祀的供品。这在旧时代的宫廷、官府、宗族、家庭的特殊祭祀、庆典等仪式中占有重要的地位。（见图 8-8、图 8-9）在当代汉族的多数地区，这种祭祀活动等早已不复存在，只在少数偏远地区或某些特定场合，还残存着一些象征性的活动。

二是供人们在节日食用的特定的食物制品。这是节日食品和食俗的主流。例如春节除夕，北方家家户户都有包饺子的习惯；南方各地则盛行打年糕、吃年糕的习俗。再如，汉族许多地区过年的家宴中往往少不了鱼，象征"年年有余"。端午节吃粽子的习俗千百年来传

承不衰。中秋节的月饼寓含了对人间亲族团圆、人事和谐的祝福。其他诸如开春时食用春饼、春卷，正月十五吃元宵，农历十二月初八喝腊八粥，寒食节吃冷食，农历二月二日吃猪头、咬蚕豆，尝新节、吃新谷，结婚喜庆中喝交杯酒，祝寿宴吃寿桃、寿桃、寿糕等都是节日习俗中具有特殊内涵的食俗。

图8-9 家祭图（《金玉缘图画集》）

三是饮食中的信仰、禁忌。汉族多在正月初一、初二、初三3天忌生，即年节食物多于旧历年前煮熟，正月头3天只需回锅即可。再如，河南某些地区以正月初三为谷子生日，这天忌食米饭，否则会导致谷子减产。过去在妇女生育期间的各种饮食禁忌较多。如汉族不少地区妇女怀孕期间忌食兔肉，认为吃了兔肉生的孩子会患兔唇；还有的地方禁食鲜姜，因为鲜姜外形多指，唯恐孩子手脚长出六指。过去汉族未生育的妇女多忌食狗肉，认为狗肉不洁，而且食后容易招致难产等。

八、人生礼仪食俗

我国传统文化中的礼仪规范，无不与人们的日常生活密切结合、息息相关，其中人生礼仪就是极其重要的组成部分，它几乎与每个中国人的一生都有着不可分割的情缘。所谓人生礼仪，是指人这一生中，在不同的生活背景中和不同的年龄阶段所举行的不同的仪式和礼节。在古代中国，传统的人生礼仪包括生、冠、婚、葬四大阶段所举行的礼节与仪式。而且，这些人生礼

仪都与饮食习俗有着紧密的联系。

诞生礼，是人生的开端之礼。在我国传统的认识中，家庭"添丁"是展现家族人丁兴旺的大事，所以人们非常重视诞生礼。由于我国的家庭结构是以血缘关系为纽带组成的，婴儿的降生预示着血缘有所继承，因此，父母及整个家族都十分重视，并由此形成了有关婴儿诞生的一些饮食习俗。孕妇分娩之后，一系列的诞生礼仪便正式开始了。民间流行的生育礼仪最常见的有"报喜""三朝""满月"和"抓周"等。产妇还要静养休息一个月，俗称"坐月子"，期间的饮食也有许多讲究。

俗语有："男大当婚，女大当嫁。"说的就是人生中最大的一个礼仪事项——婚礼。婚礼是人生礼仪中极其重要的一大礼仪活动，自古以来受到个人、家庭和社会的高度重视。传统旧式婚礼比较复杂，一般有纳彩、问名、纳吉、纳征、请期、亲迎等六个礼节，而且每个礼节中还有繁琐的讲究。近代以来，比较传统的婚礼一般是从下聘礼开始，到新娘3天回门结束。而在整个婚礼过程中，饮食的内容不仅不可或缺，而且有的环节中还会起到决定性的作用。

我国自古以来就有孝亲养老的传统美德，并且表现在日常生活在的方方面面。古代的"乡饮酒礼"是社会层面的养老礼仪。而在家庭中，除了日常孝敬祖父辈、父辈之外，还会通过给老人"做寿"来表达晚辈的孝亲养老之情。做寿，也称"祝寿"，是指为自己家庭中的老年人举办的生日庆祝活动。我国民间传统意义上的祝寿一般从50岁开始，也有从60岁开始的。50岁以下的诞生日叫作"过生日"。给老人做寿各地也有不同的习俗。一般50岁以后每年在家庭内部举行一次，每10年做一次较大范围的祝寿活动。80岁及以上长辈举行的诞生日庆贺礼仪称为"做大寿"。凡大范围的做寿活动，一般均要邀亲友来参加庆贺，晚辈与亲友给老人赠送寿仪，如寿桃、寿联、寿幛、寿面等。而且，要大办筵席庆贺，亲朋好友共饮寿酒，尽欢而散。做寿一般逢十，但也有逢九、逢一的。如江浙一带，凡老人生日逢九那年，都提前做寿。九

为阳数，届时寿翁接小辈叩拜。中午吃寿面，晚上亲友聚宴。席散后，主人向亲友赠寿桃，并加赠饭碗一对，名为"寿碗"，俗谓受赠者可沾老寿星之福，有延年添寿之兆。做寿要用寿面、寿桃、寿糕、寿酒。寿宴中必以寿面为主。面条绵长，寿日吃面条，表示延年益寿。寿面一般长1米，每束须百根以上，盘成塔形，罩以红、绿镂纸拉花，作为寿礼敬献寿星，必备双份，祝寿时置于寿案之上。寿桃一般用米面粉制成，有的用鲜桃，由家人置备或亲友馈赠。庆寿时陈于寿案上，9桃相叠为1盘，3盘并列。传说西王母做寿时，在瑶池设蟠桃会招待群仙，因而后世祝寿均用桃。（见图8-10）"酒"与"久"谐音，故祝寿必用酒。酒的品种因地而异，常为佳花酒、竹叶青、人参酒等。为老人祝寿举办的寿宴也有讲究，菜品多扣"九""八"，宴

图8-10 蟠桃大会（潍县年画）

席名如"九九寿席""八仙席"等。除各种祝寿专用面点外，还有白果、松子、红枣汤等。菜名多寓意美好、吉祥、长寿，如"八仙过海""三星聚会""福如东海""白云青松"等。

从人生礼仪的时序上看，丧葬礼仪是人生最后一项仪礼活动，是人生过程中的一项"脱离仪式"。丧礼，民间俗称"送终""办丧事"等，古代视其为"凶礼"之一。对于享受天年、寿终正寝的人去世，民间称"喜丧""白喜事"。在丧葬礼仪中，饮食内容同样重要，同样不可缺少。

九、饮食信仰

从民俗学的角度来看，中国传统的饮食信仰指的不是宗教意义的信仰，而是在日常生活中逐渐形成的对自然界的食物赋予一定的吉祥寓意、喜庆内涵、吉利象征，使人们在生活中对吉祥食品具有一定的敬畏、感念之意。在传统生活中，特别是在一些节日、仪礼活动中，饮食信仰中的吉祥食品已经远远超出了食品原有的食用价值，而成为代表某种事物或某个事项的符号。饮食信仰，在民俗学上也叫作"俗信"，属于民间信仰的范畴。

一般来说，饮食信仰的吉祥食品由于在形成过程中被赋予了许多文化元素，可以说是丰富多彩的。另外，饮食信仰食品的符号功能在不同的时期和不同的地域也不尽相同，但它们都有一个共同的特点，即趋吉驱灾避祸的心理，追求大吉大利的愿望。

例如，饺子象征财富，元宵、月饼象征团圆，粽子代表追念，重阳糕具有生活步步高之意，等等。在这样的饮食信仰背景下，许多吉祥食品一般都具有寓意美好的符号表征，所以我国的民间喜欢把吉祥食品来作为亲朋好友相互馈赠的礼品，甚至连酒店的菜单都充满了大吉大利的期冀。下面是某酒店一桌"百年好合"的婚宴菜单，每一种菜肴都用一个吉利的名字表示，体现的就是美好、吉利、祥和、喜庆、圆满的寓意。如：

喜庆满堂：一组迎宾的八彩冷碟；

鸿运当头：大红片批烤乳猪拼盘；

浓情蜜意：鱼香焗龙虾；

金枝玉叶：彩椒炒花枝仁；

大展宏图：雪蛤烩鱼翅；

金玉满船：蚝皇扒鲍贝；

年年有余：豉油菜胆蒸老虎斑鱼；

喜气洋洋：大漠风沙鸡，即一种风干鸡；

花好月圆：花菇扒时蔬；

幸福美满：粤式香炒饭；

永结连理：两种美味点新，为之席点双辉；

百年好合：莲子百合红豆沙羹；

万紫千红：时令生果盘；

早生贵子乐：即枣圆仁子羹；

如意吉祥：用芦蒿和五香豆干和炒的菜肴；

良辰美景：上汤时蔬；

花好月圆：两种饭食拼摆一起；

万紫千红：合欢水果大拼盘。

　　为了祈求吉祥，一桌婚宴围绕"百年好合"的婚姻主题，将所有的菜肴都赋予一个吉利好听的名字，既寓意美好婚姻的开始，又寓意婚姻的长久幸福。这样的民间信仰在我国各地都非常流行，至今传承不殆。

　　如果说讨吉利的菜单不能代表民间饮食信仰的话，那么在我国民间，元宵代表星星，月饼就是月亮的化身，太阳糕、重阳糕代表太阳，粽子具有体现阴阳结合的象征等，则是不折不扣的饮食信仰。其实，就连北方民间过年蒸制的各色"礼馍"，大多都是仿生物的造型，如十二生肖中的龙、虎、鸡、蛇（俗称"小龙"）以及凤、元宝等都是象征吉祥、财富的形象。这些食品造型的本身已经体现了人们赋予作为吉祥食品的信仰表征。在某种意义上看，它是一种反映早期人类对大自然中的动物、植物、天体与种种自然现象原始崇拜与信仰的表征符号。下面所列的是部分摆供食品在祭祀中的寓意：

　　　　柿子：象征着事事顺利，有利市之意；

　　　　菠萝：与南方人的"旺来"谐音，有好事旺旺来之意；

梨子：吉庆一般不用，但摆供时多有所用，有远离厄运的寓意；

苹果：有祝愿平平安安之意；

桃子："桃"与"逃"谐音，摆供时，多与梨并排，有逃离厄运、摆脱困境之意；

香蕉：与南音"快招"谐音，有好事相招之意；

柑橘：有事事、时时吉利之意；

甘蔗：生活甘甜如蜜，有节节高升之意；

佛手柑：佛之手，有保佑多福多寿之意；

瓜藤类水果：有瓜瓞绵延、美好生活长长久久之意；

发粿：象征发财、发达、发展之意；

年糕：寓有年年高升之意；

寿桃：有长生不老的长寿之意；

红龟糕：南方民间多用，有吉祥、长寿、喜庆之意；

汤圆：具有圆满、团圆之意，南方年节供桌必备之品；

粽子："包粽子"与"包中"谐音，有金榜题名、高票当选之意；

豆干："干"与"官"谐音，象征升官发财；

糖果：甜甜蜜蜜之意；

面条：长寿之意；

鸡：在南方鸡与"家"谐音，有起家、成家立业之意；在北方鸡与"吉"同音，有大吉大利之意；

公鸡：事业一鸣惊人之意；

芹菜：寓有勤奋发财之意；

萝卜：南方称为"菜头"，寓意好彩头；

大葱：聪明之意；

大蒜：一般与大葱并有，有聪明伶俐，善于打算、精明发家之意；

　　韭菜：长长久久有余财；

　　酒：长长久久之意。

　　一种食物，赋予一种美好的愿望；一种食品，寄托着人们的诚挚期许。也许，我们中华民族的延绵不断、繁荣昌盛，就是在这样的积极向上、健康美好的生活理念和人生态度中完成的。

第九章
饶有风情的
节日食品

我国民族传统节日中的重要内容之一，就是进入节日活动期间的饮食活动。在这些节日饮食活动中反映出了我们民族的传统习惯、饮食风尚、礼仪内容及其道德与宗教观念。节日的饮食习俗虽然是一种约定俗成的节日活动，但却具有非常强的传承性与延展性，因此具有非常旺盛的生命力。

我国的每一个重要传统节日，几乎都离不开逢年过节必备的特殊食品，几乎所有的传统节日都有一种或几种标志性的特色食品。如饺子、年糕、春饼、元宵、麻花、馓子、粽子、月饼、重阳糕、腊八粥等。节日食品是丰富多彩的，它常常将丰富的营养成分、赏心悦目的艺术形式和深厚的文化内涵巧妙地结合起来，成为典型的节日饮食文化。

一、辞旧迎新吃"饺子"

说到节日食品，最具有典型意义的应该是北方过年吃的饺子。饺子作为人们心目中最美好的食品而成为年节食俗中的主角，发挥着比一般食品更为重要的作用。（见图9-1）关于饺子的起源可详见第三章第六节"面食"。

图9-1 彩色饺子

饺子发展到今天，已成为人们日常餐桌上的常品，但每遇传统节日，人们仍然还会乐此不疲地吃饺子。这种几千年来形成的节日饺俗，已积淀成为一种文化心理现象，在人们的生活中代代传承。

民谚云："大寒小寒，吃饺子过年。"农历每年的腊月三十，是人们辞旧迎

新的时候。这一天，人们从早忙到晚，准备许多美味食品，举行各种有意义的活动。人们称这一天为"过年"。过年，是中华民族一年一度最为隆重的节日。大年三十包饺子、吃饺子是我国北方广大地区民间过年时最重要的活动之一。

包饺子首先是调拌饺子馅。饺子馅有荤有素，但更多的是荤素搭配。年三十包的饺子，要足够三十晚上和初一早上全家食用的。除夕夜的饺子馅一般是荤素料相配合，将肉切丁，加调味料腌好，然后再把大白菜嫩叶剁成粗粒状，挤去部分水分，加入肉馅和调味料进行调拌。在制馅的过程中，最讲究的是剁馅，就是用刀细剁肉及大白菜的工序。剁菜时，刀与案板撞击，发出铿锵有力的"嘭嘭"声，由于用力大小在不断变化，这声音便发出了富有韵律感的强弱节奏变化，像优美的乐曲传到四邻八居。人们都希望自己家的剁菜声音是全村最响的，也是时间最长的。"肉加菜"，谐音"有财"，剁馅声最响且时间要长，美其意曰"长久有余财"。剁菜的时间越长，说明包的饺子就多，象征着日子红火富有。①

年三十包的饺子形状也有讲究，大多数地区习惯保持传统的弯月形。包制时，要把面皮对折后，用右手的拇指和食指沿半圆形边缘捏制而成，要捏细捏匀，谓之"捏福"。有的农家把捏成弯月形的饺子两角对拉捏在一起，呈元宝形，摆在盖帘上，象征着财富遍地，金银满屋。也有的农家将饺子捏上麦穗形花纹，像一棵棵颗粒饱满、硕大无比的麦穗，象征着新的一年五谷丰登。总而言之，人们不管将饺子包成何种形状，都预示来年能财满屋，粮满仓，生活蒸蒸日上。

年三十包的饺子，不仅形制上有讲究，就连摆放也有规定。首先是不能乱放。俗话说："千忙万忙，不让饺子乱行。"日常包饺子，横排竖摆，皆随其意，年三十包的饺子则不行。山东等地盖帘子要用圆形的，先在中间摆放几只元宝形饺子，然后绕着元宝一圈一圈地向外逐层摆放整齐，民间俗云"圈福"。有的人家甚至规定，盖帘无论大小，每只盖帘上只能摆放99个，且要布满盖帘，谓之"久

---

① 参见赵建民：《中国人的美食——饺子》，第12页。

久福不尽"。

关于这个习俗，民间传说中还有一段有趣的故事：很久以前，在一个贫困的山村，有一户人家很穷，常常是吃了上顿没有下顿。到了年三十这一天，家里没有白面，也没有菜，听着四邻的剁菜声，心急如焚，无奈之下，只好向亲友借来米面。和好面后，又胡乱弄了点杂菜凑合成馅，就包起了饺子。因为面是借来的，所以包的饺子就格外珍贵，摆放时，就一圈一圈由里到外，非常整齐，也很美观。刚刚从天庭回来的灶王爷看了很高兴。同村有个财主，家有万贯家产，平日山珍海味的吃惯了，根本不把饺子放在眼里。大年三十这天用肉、蛋等料调馅包成的饺子乱放在盖帘上。不料饺子下锅煮熟后，一吃味道全变了样，猪肉馅变成了萝卜菜。而那户穷人家的饺子却变成了肉馅的。原来，是灶王爷对财主家包饺子的态度很不满意，为了惩罚他，就把两家的饺子给暗中调了包。第二天，这事便在村里传扬开来。从此，人们再忙，年三十的饺子也要摆放得整整齐齐，以讨个"圈福"的彩头。但是在黑龙江部分地区的农家，饺子却不能摆成圆圈。据说把饺子摆成圆圈，会使日子越过越死。必须横着排成行，这样方能使财源四通八达地涌来。

年三十夜煮饺子也有讲究。山东有些地方过年时规定烧火用的柴草必须要选用豆秸秆或芝麻秸秆，因为豆秸秆在燃烧时会发出"噼噼啪啪"的声音，符合过年"响亮响亮，人财两旺"的口彩，寓意火越烧越旺，来年的日子像芝麻开花一样节节高。锅里煮饺子，不能用铁铲乱搅动，要顺着一个方向，贴着锅沿铲动，形成圆形，与摆放饺子之义相同。在山东东部地区，煮的饺子一般要故意煮破几个，但不能说"破""碎""烂"等忌语，而要说"挣"了或"涨"了。因饺子内有菜，菜谐音"财"，故饺子"挣"了，是"挣财"，图个吉利，讨个口彩，以增加除夕夜的欢乐气氛。在甘肃中部一些地方，除夕夜煮饺子时，还要加入少许面条共煮、同食，美其名曰"银丝缠元宝"。面条要细，饺子要包成元宝形，

喻义长寿发财，也是图个吉利，寄托人们的美好希望。①

俗话说："大年三十吃饺子——没有外人。"说明年夜饭中的饺子是亲人团聚的象征。除夕吃饺子的习俗由来已久。《明宫史》中就载有大年夜吃饺子的食俗："五更起……吃水点心，即'扁食'也。"②后经传承完善，便形成了除夕吃饺子的习俗，寓意辞旧迎新。

吃饺子时也有俗规。第一碗要先上供，奉先祖，供诸神。这上供的饺子也有讲究，河北民间有"神三鬼四"之说，即给诸神上供3碗饺子，每碗3个；给列祖列宗上供用4碗，每碗盛4个；唯有灶王爷最不受尊敬，上供只上1碗饺子，碗里只盛1个，但有的人家过意不去，就随便盛几个。第二碗饺子要端给牲畜，以表示对牲畜的爱惜。旧时，大牲畜如牛、马等是农家的主要劳动工具，人们也希望牲畜像人一样迎来平安顺利的一年。第三碗家人才开始食用。除夕的年夜饭，本来食品种类很多，但其他均可不吃，唯有饺子必须要吃，所谓"过年吃饺子，一年的好铆子"。吃时还要记清，以吃偶数为佳，不能吃单数。有的家里老人边吃口中边念念有词"菜（财）多，菜多"等吉语。饭后盛饺子的盘、碗，乃至煮饺子的锅，摆放生饺子的盖帘上，都必须故意留下几个（偶数）寓意"年年有余"，甚至连包饺子用的菜馅、面团也要有"余头"。

二、正月十五闹"元宵"

在我国，每年正月十五吃元宵是由来久远的传统习俗。

元宵，是北方人的习惯叫法，南方则称之为"汤圆"。（见图9-2）汤圆在南方什么时候都可以吃，但日常食用没有那么多讲究，只有过大年和正月十五吃

---

① 参见赵建民：《中国人的美食——饺子》，第13页。

② （明）刘若愚：《明宫史》火集《饮食好尚》，北京古籍出版社1980年版，第83页。

汤圆是最吉庆的事情。清朝年间，江浙一带在正月十五吃汤圆，谓之"灯圆"，取团圆意。长江上游的四川等地也是如此，正月十五一定要吃汤圆。

因为北方人习惯把汤圆称为"元宵"，所以正月十五日的灯节，北方人又把它叫作"元宵节"。北方的元宵制作与南方的汤圆是有区别的，汤圆一般是用糯米面团包制的，而北方的元宵则是用湿润的糯米粉滚出来的。（见图9-3）

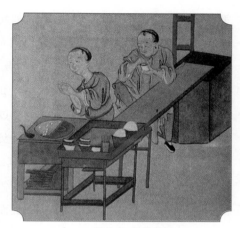

图9-2 卖汤圆

关于元宵节吃汤圆的由来，各地民间多有传说。相传，汉武帝时，宫中有个叫东方朔的人，个子很矮，但他不仅足智多谋，风趣滑稽，而且还心地善良。宫女不管是谁触犯了汉武帝，当皇帝怪罪时，他总会上前讲情。因此，宫女都非常敬重他。有一年腊月，接连下了几天大雪，正值腊梅凌寒待放，东方朔正要去御花园折花。刚出门，只见一个宫女正泪流满面地向御井扑去，他慌忙上前拦救。询问之后，东方朔得知这宫女叫汤圆，家住在长安西北山上，家中还有父母和一个小妹妹。自从她被选进宫来，每逢年底岁首，总会倍加思念亲人，心如刀绞。这几日风寒雪大，她不由地想起了亲人在家的艰辛。东方朔听了汤圆的诉说，便安慰了一番，并答应想办法让她与亲人见面团聚。没过几天，他便想出了一个巧妙的计

图9-3 北方滚元宵

策。东方朔来到西北山汤圆的家里，如此这般地安排了一阵，就返回长安大街卖起卦来。有人认识东方朔，知道他识天文，通阴阳，都争着占卜求卦，所占所求都是"正月十六火焚身"的卦条签语。人们非常惊慌，纷纷求问解脱的办法。东方朔神秘地说："正月十三下午，城里的白胡子老人们，都到城西北十里铺大道口等候。天黑下来时，从西北方向会过来一位骑粉色银驴的红衣姑娘，她就是奉旨火烧长安的火神君。见到她后，父老们要跪在地上拦路哭求，全城方可得救。"人们听了东方朔的话，信以为真。等到农历正月十三下午，城里所有白胡子的老人们都手拄拐杖来到十里铺等候。天刚擦黑，果然从西北方向过来一位骑粉色银驴的红衣姑娘，父老们一拥而上，苦苦哀求。那姑娘望着悲哀不止的父老乡亲说："我是领了玉帝的旨意来办事的，火烧长安时玉皇大帝还要站在南天门上观看，要是没火，就是我的罪了。既承父老求情，我把抄录的偈语给你们，你们可送到人王地主那里，让他们想办法吧。"说完，扔下一张偈语，转身走了。

众人见到这样的情景，都不知道如何是好，于是老人们就把这件事通过地方官员告诉了汉武帝。汉武帝看看偈语，只见上面写着："长安在劫，火焚帝阙，十六天火，焰红宵夜。"汉武帝念着念着，急得满头大汗，忙向足智多谋的东方朔求教。东方朔说："听说火神君爱吃圆形的食品，我看，十五的晚上可让全城臣民拿出自己家里最好的食品供奉，虔诚祷告，求火神君高抬贵手。再传谕京都臣民一齐动手做灯，十六晚上，大街小巷，庭院屋门，都挂上红灯，满城点放焰火鞭炮。届时，满城通红，火球横飞，必能唬住在南天门观望的玉帝。再把京都四门大开，让城外的庶民百姓进城观灯。皇上、妃子、宫女也出宫去街上观灯，混杂在乡下来的那些不在劫的人中，会沾他们的光，承他们的福，免去灾难。另外，我还知道汤圆（就是那个宫女）会做一种圆圆的包馅食品，就让汤圆把这种食物的制作方法教给大家，一起做。到了十六晚上，可让汤圆手提大宫灯，把汤圆的名字写上，在前开道，我手端食物跟在后边，穿大街走小巷，

虔诚敬奉云游在长安上空的火神君。火神君看到我们是如此对待他，定会心软下来，免除长安城的焚火之灾的。"汉武帝一听，心中大喜，就传旨按着东方朔的办法行事。

正月十六，日坠西山，长安城里张灯结彩，乡下的百姓得了消息也都陆陆续续进城观灯。汉武帝脱去龙袍，换上便服，在几个近臣的保护下走上大街。贵妃宫女也三五成群地出了皇宫。整个长安城，灯火通明，火球横飞，焰火满天，好看极了。汤圆的妹妹领着父母也来长安观灯，当她看到写有"汤圆"字样的大宫灯时，惊喜地高喊："汤圆姐，汤圆姐。"汤圆听到喊声，来到父母跟前，一家人团聚在一起。

闹了一夜灯火，长安城安然无事，汉武帝大喜。第二年正月十五照样供奉火神君，十六晚上照样全城挂灯放焰火。此后相传为习，年年如此。因十五晚上供的圆形食品是汤圆传法教给大家制作的，于是人们就把它叫作"汤圆"，把这一天叫"汤圆节"。①

三、龙抬头日炒"蝎豆"

农历的二月初二，人们习惯叫作"二月二"，是我国传统的"春龙节"，民间大多称之为"龙抬头日"，所以有"二月二，龙抬头"的谚语。但在南方习惯叫"踏青节"，古称"挑菜节"。大约从唐朝开始，我国就有过二月二的习俗。据资料记载，"二月二，龙抬头"这句谚语的来历和古代天文学对星辰运行的认识和农业节气有关。其实，这一谚语表达的是春季来临，万物复苏，蛰龙开始活动，预示一年的农事活动即将开始。

作为一个吉祥喜庆的日子，为取吉利，二月二这一天民间饮食多以"龙"为名，

① 参见李朋主编：《饮食文化典故》，第 132 页。

如吃水饺叫"吃龙耳"，吃米饭叫"吃龙子"，吃馄饨叫"吃龙眼"，吃面条叫"扶龙须"，蒸饼时也会将面做成龙鳞状，称"龙鳞饼"。这些习俗寄托了人们祈龙赐福，保佑风调雨顺、五谷丰登的美好愿望。

在山东大部分地区民间，至今还保持着"二月二吃蝎子豆"的习俗。所谓"蝎子豆"就是一种用土法炒制的黄豆。一般是在农历的二月二之前，人们要收集一种特殊的土，叫作"坩子土"。这种土比一般的土更细腻，旧时遇到歉收的年景，有人挨饿时把坩子土当饭吃。除了坩子土，也有用一种细沙子的。到了二月二这一天，用收集好的土或沙子和黄豆一起放在铁锅里，用小火将黄豆慢慢炒至焦黄脆熟，再过滤掉细沙或坩子土，就是"蝎子豆"。豆子有甜的，有咸的，脆而不硬，十分好吃。现在在济南等城市里，每到二月二之前几天，大街上就有叫卖蝎子豆的，虽然失去了在家自己炒豆的乐趣，但传承的是"二月二吃蝎子豆"的传统。不过，现在的蝎子豆比旧时的好吃，已成为一种地方特色小吃了。

在山东东部地区，人们除了炒蝎子豆外，还要炒一种菱形的棋子面块，略大于指甲盖，但比指甲盖厚一点，人们称为"蝎子盖"。炒好的蝎子盖一般是甜的，而且酥脆可口，深受孩子们的喜欢。旧时，小孩子吃蝎子盖、蝎子豆时，如果一不小心掉到地上了，大人会告诉孩子，要赶紧捡起来吃了，如果时间长了找不到它，就会变成蝎子的。至于为什么要吃蝎子豆，民间有"吃了蝎子豆，蝎子、蜈蚣不露头"的谚语，一语破的。

四、立春家家做"春卷"

立春日，我国民间习惯称为"打春"。由于农业立国政策在我国由来已久，立春日是每年农业生产的开始，因此，旧时无论是在统治阶层还是民间，对立春都非常重视，并由此形成了一系列的节日习俗，有的内容沿袭至今。于是，立春就成为中国的传统节日之一，它代表新的一年的开始。旧时立春这天，民

间有吃春盘、春饼、春卷等食俗，称为"咬春"。

春盘，流行于全国各地，江南等地尤盛。民间除供自己家食用外，常用于待客。此习在我国的唐代长安有"立春日吃春饼生菜"，号称"春盘"的食俗。此习俗大约源于汉代，与六朝元旦之"五辛盘"也有一定的联系，故亦称"辛盘"。明清之时，于春饼、生菜外，兼食水萝卜，谓能去春困，因而整个尝新活动称为"咬春"，表示迎接春天之意。每年立春这一天，人们将春饼、蔬菜等装在盘中，成为"翠缕红丝，备极精巧"的春盘，晋人束皙《饼赋》称赞它"弱如春绵，白若秋练"①；杜甫《立春》"春日春盘细生菜"的诗句正是对这一习俗的真实写照。

唐代之春盘，到了宋时叫"春饼"，后又演变为"春卷"。春饼和春卷都是古人心目中"春"的象征，但它们之间是有区别的。春饼是用面烙成的薄饼，卷菜吃。春卷是薄面皮包菜油炸而成。据考证，晋代就有"元旦造五辛盘"②（即春盘）之说，用大蒜、小蒜、韭、芸苔、胡荽五种辛荤蔬菜；到唐代春盘内容有了变化，改为莱菔、生菜、春饼；到元代出现用薄饼卷馅后再用油炸的食用方法，也就是最早的春卷。立春之际，春回大地，大葱已出嫩芽称"羊角葱"，鲜嫩香浓，吃春饼抹甜面酱，卷羊角葱，称为"咬春"。但北京人吃春饼更讲究炒菜。一般要韭黄、菠菜切丝和鸡蛋炒一下，拌和在一起，称为"和菜"，然后卷入春饼吃。另外，还有春饼夹酱肘丝、鸡丝、肚丝等熟肉的吃法，而且讲究包起来从头吃到尾，叫"有头有尾"，这实际上就是一种自制的春卷。

春饼是北京民俗食品，古代立春日所食。春饼烙得很薄，又称"薄饼"。春饼是用烫面烙的一种双层薄饼，吃的时候揭开，现在饭馆则多用卷烤鸭的鸭饼代替。卷春饼的菜称为"和菜"，用豆芽菜和粉丝加调料或炒或拌而成，另外还

① 熊四智主编：《中国饮食诗文大典》，第110页。

② 《太平御览》卷二九引晋周处《风土记》。

要配炒菠菜、炒韭菜、摊鸡蛋等热菜以及熟肉，如酱肉、熏肉、炉肉（均要切丝）。如果在家里吃，这些菜是从"盒子铺"（卖熟肉的铺子，如西单"天福号"）购买，熟肉铺送货时把熟肉盛在外观精致的盒子里，吃饭时就把盒子摆在自家的餐桌上。待顾客吃完肉之后，肉铺再取回盒子。菜因为装在盒子里，所以被称为"盒子菜"，熟肉铺则因靠墙放满了备用的盒子，而被称为"盒子铺"。现如今在饭店里吃春饼，可以按照自己的口味点菜。如果只是一个人，可以来份"炒和菜盖被卧"——下边是菜底儿，上面盖一个摊黄菜（鸡蛋），很是形象。

五、清明喜食"子推燕"

清明是我国的二十四节气之一。清明节是流行于我国汉族地区和壮、朝鲜、苗、侗、仡佬、毛南、京、畲等少数民族地区的传统节日。清明时节，我国大部分地区气候变暖，草木萌发，一扫冬日枯黄的景象。江南农谚曰："清明谷雨两相连，浸种耕田莫迟延。"又说："种树造林莫过清明。"对江南农民来说，清明正是春耕春种的农忙时节。唐代诗人杜牧《清明》"清明时节雨纷纷，路上行人欲断魂"描绘的就是这大忙时节景象。其实，在那时的雨雾中，不仅应该有欲断魂的路上行人和迎风摇曳的酒店幌子，更有在田间地头扶犁耕作和弯腰插秧的农人。

清明节大约始于周代，距今已有2500多年的历史。清明一到，气温升高，正是春耕春种的大好时节，故有"清明前后，种瓜种豆""植树造林，莫过清明"的农谚。现在过清明节，人们要扫祖墓，除杂草，培新土，祭祖先、悼亡灵。

旧时，清明节的前一天为寒食。寒食节的习俗是不准动烟火，只能吃冷食凉菜，以纪念春秋时期晋国贵族介子推。由于清明与寒食的日子接近，而寒食是民间禁火扫墓的日子，后来，寒食与清明就合二为一了。而寒食既成为清明的别称，也变成清明时节的一个习俗，即清明之日不动烟火，只吃凉的食品。

清明节标志性的节日食品流传到今天有许多种，各地也略有差异，常见的主要有鸡蛋、面燕、子推馍、菠菠粿、醴酪等，且各有寓意。

清明节吃面燕的习俗在我国民间最为流行。所谓面燕，就是人们用发酵面团制作的一种燕子形状的馍，是在我国北方一些地区清明节的标志性食品，至今山东的胶东地区民间，家庭妇女仍有蒸面燕的习俗。关于清明节吃面燕的习俗，在当地有传说是为了迎接南燕北归。清明过后，北方真正的春天到了，大地回暖，到南方越冬的燕子开始北归。民间信俗一向以为如果谁家的屋檐下能够住上几窝燕子，就预示着来年吉祥如意，于是人们就用清明节制作面燕的形式来表达心中的期望。也有人认为，面燕古称"子推燕"，大约早期是为了纪念介子推而发明的，现在却成了春天的象征。山东地区民间的面燕制作古朴自然、种类繁多，形式上有单燕、双燕（两个燕子并排）、老燕背雏、雌燕衔喜等，各具风采。在有些地方，把制作面燕的精巧技艺当作评论妇女心手巧拙、烹饪技艺高下的条件。她们不仅要把燕子本身的体态制作得多姿多彩，而且还要将每个面燕都绘得五色斑斓，飘红挂绿，栩栩如生，又平添了几分情趣在里面。其实，清明节面燕的制作历史由来久远，早在我国宋朝的清明节的食品里面，除了街市上所卖的稠饧、麦糕、奶酪、乳饼等现成的食品之外，还有一种燕子形的面食，称为"枣锢飞燕"。据说枣锢飞燕是用来祭拜介子推的祭品，所以也叫"子推燕"。①明朝时，祭祀后，人们还会留下一部分枣锢飞燕，到了立夏之日，用油煎给家中的孩童吃。传说吃了油煎的子推燕，可以不蛀夏。（见图9-4、图9-5）

图9-4　子推面燕

---

① 参见（宋）孟元老撰，李士彪注释：《东京梦华录》卷七《清明节》，第67页。

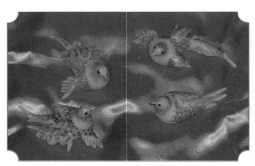

图9-5 彩色面燕

与面燕有相似寓意的食品是"子推馍",又称"老馍馍",外形类似于古代武将的头盔,一般重250～500克。清明节吃子推馍是我国陕北地区的习俗。

子推馍原本是山西和陕西民众在寒食节时用来纪念宁死也不肯受缚于功名的介子推的贡品。介子推是春秋时期的晋国贵族,曾追随公子重耳(后为晋文公)流亡国外。文公回国后重赏随从。介子推却未领取赏赐,常年与母隐居绵山(即今山西介休东南的介山)。后来,文公要给他封官赐爵,他却推辞不受。文公无奈,只得放火烧山,本想逼他出来,没想到竟把介子推母子烧死在了山中。

做子推馍是陕北妇女的拿手好戏。她们用自己灵巧的双手,将发酵了的白面捏成各种形状的面花。制作时,所用工具只是梳子、剪子、锥子、镊子等日用品,所用辅料则有红豆、黑豆、花椒子和食用色素。蒸出来的面花栩栩如生,犹如艺术珍品,令人爱不释手。

子推馍除了自己食用,还用来馈赠亲友。比如母亲要给当年出嫁的女儿送,称为"送寒食";学生要给自己的老师送,表达对教师的敬意。一个小小的子推馍,在特别的节日里,加深了人与人之间温馨的亲情和真挚的友情,也寄托了今人对高尚古人的追思之情。

六、米粽飘香端午节

农历五月初五的端午节,是中国节日中名称最多、含义最丰富、活动内容最多样化的一个。"端"是初的意思,"午"在古代与"五"通用,即指五月第一个五日。

端午节又称"端阳节""五月节""天中节""解粽节""龙节""蒲节"等。从目前史籍资料来看,"端午"二字最早见于晋人的记录。如《白氏六帖事类集》卷一《五月初五》引周处《风土记》载:"仲夏端午,进角黍。端,始也。"端午节这一天必不可少的活动主要有吃粽子,赛龙舟挂菖蒲、艾叶,熏苍术、白芷,喝雄黄酒。据说,吃粽子和赛龙舟是为了纪念屈原,所以中华人民共和国成立后曾把端午节定名为"诗人节",以纪念屈原。至于挂菖蒲、艾叶,熏苍术、白芷,喝雄黄酒,据说是为了压邪。

端午节吃粽子,这是我国一个历史久远的传统习俗。有学者考证,粽子只不过是民间普通食品,最初吃粽子也不固定在端午。端午食粽是祭屈原,是后人附会而形成的,反映的仅是民众的心愿而已。实际上,为了纪念春秋时晋国的介子推而形成的民间节俗——寒食节(清明前一天)吃粽子,起源要比端午食粽早。至今,许多地方仍流行清明前一天与清明当天食粽的民间风俗。

早在春秋时期,用菰叶(茭白叶)包黍米成牛角状,称"角黍",用竹筒装米密封烤熟,称"筒粽"。东汉末年,以草木灰水浸泡黍米,因水中含碱,用菰叶包黍米成四角形,煮熟,成为碱水粽。晋代,粽子被正式定为端午节食品。这时,包粽子的原料除糯米外,还添加中药益智仁,煮熟的粽子又称"益智粽"。南北朝时期出现了杂粽。米中掺杂禽兽肉、板栗、红枣、赤豆等,品种增多。粽子还用作交往的礼品。到了唐代,粽子的用米已"白莹如玉",其形状也出现了锥形、菱形等。宋朝时,已有"蜜饯粽",即以果品入粽。诗人苏东坡有"时于粽里见杨梅"的诗句。元、明时期,粽子的包裹料已从菰叶变为箬叶,后来又出现用芦苇叶包的粽子;附加料已出现豆沙、猪肉、松子仁、枣子、胡桃等等,品种更加丰富多彩。

粽子不仅形状、品种各异,而且各地的风味也不尽相同,主要有甜、咸两种。甜味的有白水粽、赤豆粽、蚕豆粽、枣子粽、玫瑰粽、瓜仁粽、豆沙猪油粽、枣泥猪油粽等。咸味的有猪肉粽、火腿粽、香肠粽、虾仁粽、肉丁粽等。另外还有南国风味的什锦粽、豆蓉粽、冬菇粽等;还有一头甜一头咸的"双拼粽"。这些粽子均以佐粽的不同味道,使得粽子家族异彩纷呈。

七、乞巧节与"巧馃"

图9-6 七月七桐荫七巧（清·陈枚
《月曼清游图册》局部）

我国农历的七月初七,俗称"七夕""七月七",相传为牛郎、织女双星相会之日,故又称"双星节"。这个传说早在先秦时已经流行,但当时并无"七夕渡河"的记载,这个节日习俗大约起源于汉代。在许多地方,七夕更是未出嫁女孩子用来乞求聪明灵巧的节日,因而又叫"乞巧节"。(见图9-6)

乞巧节的应节食品以巧果最为出名。巧果,又名"乞巧果子""巧馃",以小巧玲珑、款式各异见长。制作巧果的材料主要是油、面、糖蜜等,制作历史较为久远,至少在宋代已经非常流行。巧果的做法比较简单,一般是先将白糖放在锅中熔为糖浆,然后和入面粉、芝麻,拌匀后摊在案上擀薄,晾凉后用刀切为长方块,然后折为梭形面巧胚,入油炸至金黄即成。手巧的女子还会捏塑出各种与七夕传说有关的花样。乞巧时用的瓜果也有多种变化,或将瓜果雕成奇花异鸟,或在瓜皮表面浮雕图案。除此之外,历史上各朝各代均有不同的食俗。例如,北魏时流行七月七日设汤饼,唐朝则有七月七日进斫饼的食俗。

关于乞巧节"乞巧"的习俗,各地风俗也不尽相同。

在浙江的杭州、宁波、温州等地,七夕这一天,人们会用面粉制作各种小型物品,放到油锅里煎炸成"巧果",分送亲朋好友及孩子们。晚上还会在打扫

干净的庭院里摆上巧果、莲蓬、白藕、红菱等，家中亲友围坐在一起，遥望星汉明月，抒发思古之情。

在山东胶东的荣成、文登等沿海地区，则有生巧芽、烙巧花等习俗。生巧芽一般是在七月初一，姑娘们用绿豆、黄豆、高粱、小麦、玉米五种杂粮，分别盛在一个碗里，用温水使其发芽。七月七日早晨，将五种芽割下，叫作"巧菜"，用它做面汤（即一锅煮的面条）喝。据说吃过巧菜、喝过巧面汤的姑娘都会心灵手巧。当地有歌谣云："吃巧菜，喝巧汤，姑娘做饭喷喷香。"烙巧花就是做"巧馃"，即用鸡蛋、油、糖等食材和面，经过发酵后，反复揉成软硬适中的面团，用一种木制的磕子（一种雕刻了各种动植物形状的模具，又叫"果模"）制成小的面食。

乞巧节是孔府特别隆重的一个节日。在七夕当日，孔府组织厨房、佣人制作大量的巧馃和巧灯，然后把巧果和巧灯作为节日礼品送给各府本家和亲友。七夕之夜，从孔府大门沿中仪路到后堂楼各院门口，花园各路、各景点都摆设巧果和巧灯，各庭院和花山顶上摆上以巧果为主的点心和茶水。入夜，府中人坐在庭院中仰望牛郎、织女会面。

济南、惠民、高青等地的乞巧活动简便易行，只是陈列瓜果乞巧，如有喜蛛结网于瓜果之上，就意味着乞得巧了。

在山东的鲁西南地区等，民间在七夕有吃"巧巧饭"乞巧的风俗。一般是7个要好的姑娘把1枚铜钱、1根针和1个红枣分别包到3个水饺里。乞巧过后，她们一起吃水饺，据说吃到钱的有福，吃到针的手巧，吃到枣的早婚。

在北方，乞巧节的饮食一般是面条、水饺、馒头和烙果子等。山东临沂习惯用储藏的露水做面条。山东潍坊把七夕时做的面条叫"云面"，意为巧云。山东胶东地

图9-7 七巧馃

区家家户户烙巧果子，然后用彩线穿起来，赠予孩童食用，亲友之间亦相互馈送。这些都是祈求心灵手巧、吉祥如意的含义。[①]（见图9-7）

八、八月十五品"月饼"

农历的八月十五日为中秋节，因为八月十五正是农历秋季的一半，也就是秋季的中间，所以亦称"八月半""仲秋节"。在这个节日里，人们都希望全家人能像当晚的月亮那样团圆，传统习俗是住娘家的妇女必须回婆家过节，远在外地工作的亲人此日要回家过节，所以习惯上中秋节又称"团圆节"。古人以仲春二月十五为"花朝"，与之相对应，又将八月十五称为"月夕"。全家团圆，是人们在中秋节的一种美好愿望，尽管这种愿望未必一定能够实现，但人们的心里对此充满了愉悦之情，于是还赋予了中秋节更多的内容，比如赏月、祭月、拜月（见图9-8）、吃月饼等。

图9-8 《中秋拜月图》（清代杨柳青年画）

《礼记·月令》曰："仲秋之月养衰老，行糜粥饮食。"《中国风俗辞典》"中秋条"载："北宋时始定八月十五为中秋节。"至明清时期，节日风俗内容大增。至今中秋节仍是人们普遍欢度的重大节日，并与端午节、春节、清明节并成为"中国四大传统节日"。在中秋节，人们赠送的礼品以月饼为主。月饼，又称"团圆饼"，是中秋节最

① 参见山曼等：《山东民俗》，山东友谊出版社1988年版，第41页。

具代表性的节日食品。

"月饼"一词，最早见于南宋文献。周密《武林旧事》卷六《蒸作从食》下罗列了许多"蒸作"的食品，其中有"荷叶饼""芙蓉饼""羊肉馒头""菜饼""月饼"等；宋吴自牧《梦粱录》卷十六《荤素从食店》下也列有"菊花饼、月饼、梅花饼"等名目。后又称"胡饼""宫饼""小饼""月团""团圆饼"等，而关于月饼的来历，则有多种民间传说，较为流行的有两种：一种是月饼最初起源于唐朝军队的祝捷食品。另一种说法是中秋节吃月饼相传始于元代。当时，中原广大百姓不堪忍受元朝统治阶级的残酷统治，纷纷起义抗元。朱元璋联合各路反抗力量准备起义。但朝廷官兵搜查得十分严密，传递消息十分困难。军师刘伯温便想出一计策，命令属下把写有"八月十五圆月夜起义"的纸条藏入烙好的烧饼里面，再派人分头传送到各地起义军中，通知他们在八月十五晚上起义响应。到了起义的那天，各路义军一齐响应，起义军如星火燎原。很快，徐达就攻下元大都，起义成功了。消息传来，朱元璋高兴得连忙传下口谕，在即将来临的中秋节，让全体将士与民同乐，并将当年起兵时以秘密传递信息的"月饼"作为节令糕点赏赐群臣。中秋节吃月饼的习俗从此便在民间流传开来。此后，月饼制作越发精细，品种更多，大者如圆盘，成为馈赠的佳品。至今在北方许多地方还流传着"八月十五杀鞑子"的故事。

月饼象征着团圆，是中秋佳节必食之品。在节日之夜，人们还爱吃些西瓜、水果等团圆的果品，祈祝家人生活美满、甜蜜、平安。古往今来，人们把月饼当作吉祥、团圆的象征。每逢中秋，皓月当空，阖家团聚，品饼赏月，谈天说地，尽享天伦之乐。

九、重阳节食"重阳糕"

九月九日为重阳节。"重阳"，又称"重九""九日"。"重阳"之称最早见于战国时期，汉代九月九日已有饮菊酒、吃花糕、插茱萸的习俗，历代相沿，亦称此日为"茱萸节""菊花节"。

图9-9　重阳登高（《北京风俗图谱》）

在我国许多地方，九月九日有登高的旧俗，据说是为了避祸趋吉。（见图9-9）与登高相联系的是吃重阳糕的风俗。"糕"与"高"谐音，作为节日食品，最早是庆祝秋粮丰收、喜尝新粮的用意，之后民间才有了登高吃糕，取步步登高的吉祥之意。"重阳糕"因在重阳节食用而得名，渐渐成为重阳节的标志性食品。重阳糕亦称"花糕"，是汉族重阳节的主要食品，流行于全国大部分地区。南朝时已有。多用米粉、果料等作原料，制法因地而异，主要有烙、蒸两种，糕上插五色小彩旗，夹馅并印双羊，取"重阳"的意思。重阳糕香甜暄软，人人爱吃。如山东民间重阳节的习俗活动就是吃花糕。花糕以面蒸做，双层中夹以枣、栗之类果品，单层枣、栗插于面上，有的还插上彩色小纸旗，谓"花糕旗"；有的上面安放两只面塑的羊，取重阳之意，谓"重阳花糕"。

重阳节食重阳糕的习俗正式见诸文字记载是在宋代。重阳糕的文化意义着重在一个"糕"字上，人们借此谐音以及制作花糕时所使用的各种佐料如枣、栗等的谐音，表现呈祥纳福、驱灾避祸的趋吉心理愿望。（见图9-10）

重阳节的花糕既是节日食品，又是节日赠品。在济南以东地区，重阳节时母亲

图9-10　重阳糕

要给出嫁的女儿送花糕，山东胶东地区送"菊花糕"。济南以北地区不仅送花糕，而且还送秋冬穿用的衣物。济南以西地区，包括邻近河北的一些县市，重阳节要请女儿回娘家吃花糕，故重阳节又有"女儿节""女节"之称。

十、香味醇厚的"腊八粥"

我国农历十二月初八为腊八节。我国的腊八节历史久远，大约源于古人的"腊祭"活动。关于腊祭，历史典籍中多有记载。民间传说，每年到了年终，天上、地下的神灵鬼怪都要向民间索取祭祀的食品。同样，人间也希望通过祭祀向神灵鬼怪祈求庇护保佑。

我国先秦时期的腊祭日一般是在冬至后的第三个戌日，南北朝以后逐渐固定在腊月初八。到了唐宋年间，此节又被蒙上一层佛教色彩。相传，释迦牟尼成佛之前，绝欲苦行，饿昏倒地。一牧羊女以杂粮掺以野果（即"乳糜"），用羊、牛奶液煮粥将其救醒。（见图9-11）释迦牟尼在菩提树下苦思，终在十二月初八得道成佛。从此佛门定此日为"佛成道日"，诵经纪念，相沿成节。到了明清时期，敬神供佛更是取代祭祀祖灵、欢庆丰收和驱疫禳灾，而成为腊八节的主旋律。据史料记载，在两宋时期的都城开封，各大寺庙都在这天举行浴佛会做七宝五味粥，又叫"佛粥"。人们因在腊八吃这种粥，所以又称其为"腊八粥"，后来民间也做腊八粥，甚至朝廷也做腊八粥，以赠百官。

实际上腊八节吃腊八粥，是我国民间早已有的习俗，一开始与佛家没有关系。腊八粥是一种在腊八节用多种食材熬制的粥，也叫作"七宝五味粥"。腊八粥作为一种民间风俗，用以庆祝丰收，一直流传至今。但在民间，关于农历十二月初八吃腊八粥或腊八饭的风俗来历传说很多。在河南，腊八粥又称"大家饭"，据说是为纪念岳飞而形成的一种节日食俗。传说，当年岳家军讨伐金虏在朱仙镇节节胜利，却被朝廷的十二道金牌追逼回来，班师回朝时，将士们又饥又饿，沿途的河南百

姓纷纷把各家送来的饭菜倒在大锅里，熬煮成粥分给将士们充饥御寒，这天正好是腊月初八。随后岳飞遇害风波亭，为了纪念这位民族英雄，河南民众每逢腊八这天，家家都吃"大家饭"，以示追念。

腊八粥，一般是以各色杂豆、米类及干果为主料制作的。南宋周密《武林旧事》中记载："八日，则寺院及人家用胡桃、松子、乳蕈、柿蕈、柿栗之类作粥，谓之'腊八粥'。"[①] 从此，民间也称它为"五味粥"。其实，书中记载的这种粥仅仅是在米中添加5种作料而已。《金瓶梅》所记的配方是："粳米投着各样榛、松、栗子、果仁、梅桂、白糖粥儿。"明人刘若愚在《明宫史》所记的配方为："（宫内）前几日将红枣捣破泡汤，至初八早，再加粳米、白果、核桃仁、栗子、菱米煮粥，供于佛圣前，并于房牖、园树、井灶之上，各分布所煮之粥。"清人顾禄在《清嘉录》所记的配方是："（苏州）居民以菜果入米煮粥，调之腊八粥。或有馈自僧尼者，名曰佛粥。"《红楼梦》中则是以各色米豆加红枣、栗子、花生、蒙用、香芋五种菜果合而制成。清人富察敦崇《燕京岁时记》说："腊八粥者，用黄米、白米、江米、小米、菱角米、栗子、红江豆、去皮枣泥等，合水煮熟，外用染红桃仁、杏仁、瓜子、花生、榛穰、松子，及白糖、红糖、琐琐葡萄，以作点染。"[②] 这些都是非常讲究的腊八粥，带有皇家宫廷色彩。至今，在我国很多地区，人们仍保持着腊八节喝腊八粥的习俗。

图9-11　牧女乳糜献佛

① （南宋）周密撰，傅林祥注：《武林旧事》，第58页。
② （清）富察敦崇：《燕京岁时记》，北京古籍出版社1981年版，第92页。

主要参考书目

1. 胡朴安：《中华全国风俗志》，河北人民出版社 1988 年版。

2. 丁世良等主编：《中国地方志民俗资料汇编》（中南卷、华北卷、西北卷、华东卷），北京图书馆出版社 1989 年版。

3. 刘岱主编：《中国文化新论·宗教礼俗篇·敬天与亲人》，三联书店 1992 年版。

4. 马宏伟：《中国饮食文化》，内蒙古人民出版社 1992 年版。

5. 刘琦等编：《麦黍文化研究论文集》，甘肃人民出版社 1993 年版。

6. 王子辉：《中国饮食文化研究》，陕西人民出版社 1997 年版。

7. 贾蕙萱：《中日饮食文化比较研究》，北京大学出版社 1999 年版。

8. 徐海荣主编：《中国饮食史》，华夏出版社 1999 年版。

9. 赵荣光、谢定源：《饮食文化概论》，中国轻工业出版社 2000 年版。

10. 颜其香主编：《中国少数民族饮食文化荟萃》，商务印书馆国际有限公司 2001 年版。

11. 华国梁等主编：《中国饮食文化》，东北财经大学出版社 2002 年版。

12. 叶涛主编：《中国民俗大系·山东民俗》，甘肃人民出版社 2003 年版。

13. 唐家路、王拓：《饮食器用》，中国社会出版社 2010 年。

14. 赵建民编：《中国饮食文化概论》，中国轻工业出版社 2014 年版。

后 记

　　仓促中结束了本书最后一段文字的编写，似乎可以长舒一口气了，然而本该释然的心却怎么也沉静不下来。原因大抵有二：一是一本仅仅十几万字容量的小书，却因为种种原因拖沓了较长的时间没能交稿，何况也没有什么精工细琢，更无高谈阔论，实在有点儿说不过去，于是心里十分纠结，酸甜苦辣众味杂陈，心有戚戚然而又难于言表；二是"五味杂陈——中国传统饮食文化"的题目，表面上看似平常，一旦认真做起来才发现内容无限广大，文化蕴涵丰富，何止二十几万字能概括得了？即便是运用十倍于现在书稿的文字也不足以全部表达出来。总之，书稿虽然完成了，但心里却愈加不安，思之愈久，愈觉忐忑，在此冒昧申明之。

　　今人要了解传统文化，就必须要走进传统文化中。具体到传统饮食文化，它本身就具有自古一脉相承的特点。可以说，"中国传统饮食文化"与每一个华夏子孙的成长过程都有着密切的关系。

　　我清楚地记得，自己的学童时光是在胶东老家度过的。令我难以忘怀的是每年新学年开学的第一天早餐时，母亲总是要把几个收藏了近一个月的"圣鸡"礼馍，分送到我们几个上学的孩子手里。那时懵懂的我并不完全知道那一个小小的"圣鸡"的真正寓意，尤其不能够洞悉父母对儿女所寄予的期望与满满的祝福，就是用那个小"圣鸡"的食品所承载的。

　　"圣鸡"谐音"升级"，寓吉祥于饮食之中，这就是中华民族式的健康向上、

追求美好生活态度的一种表现。尽管在那时，有的家庭甚至连基本的温饱还没有解决。即便是在人们饮食生活水平日益提高的今天，饺子之于过大年、汤团之于元宵节、粽子之于端午节、月饼之于中秋节等，一如"圣鸡"礼馍之与学童上学，其蕴含的意义与重要性是不言而喻的。所以，中国传统饮食文化既是中华民族文化遗产的重要组成部分，更是中华民族自古以来的生活方式，甚或是一种审美情趣与宗教信仰。

一切试图了解和解读华夏民族悠久的文明历史与中国传统文化的人们，从了解与熟悉中国人对"传统饮食"的观念与日用入手，未必不是一个非常方便的"法门"。可以说，这也是我们今天进行中国传统文化传播与教育的一部分。

本来，一个文化蕴涵如此丰厚的课题，应该编写得非常精彩，但由于本人的水平所限，也只能是勉为其难了。并且，其中还借鉴了许多前辈、朋友的研究成果，包括参考或使用一些网友朋友的研究资料，在此一并表示衷心的感谢。书中的舛误与疏漏，敬请读者朋友在见谅的基础上予以批评与指正，希望不吝赐教，以便在再版时予以更正。

赵建民　谨识

2016 年 12 月

图书在版编目（CIP）数据

五味杂陈：中国传统饮食文化/赵建民，金洪霞著．
—济南：山东大学出版社，2017.10
（中国文化四季/马新主编）
ISBN 978-7-5607-5735-3

Ⅰ．①五…　Ⅱ．①赵…　②金…　Ⅲ．①饮食—文化
—介绍—中国　Ⅳ．① TS971.2

中国版本图书馆CIP数据核字(2017)第198822号

责任编辑：张　瑞
装帧设计：牛　钧

出版发行：山东大学出版社
社址：山东省济南市山大南路 20 号
邮编：250100
电话：市场部（0531）88364466
经销：山东省新华书店
印刷：山东华鑫天成印刷有限公司
规格：787 毫米 ×1092 毫米　1/16
　　　14.5 印张　205 千字
版次：2017 年 10 月第 1 版
印次：2017 年 10 月第 1 次印刷
定价：36.00 元